国家"十二五"重点图书出版规划项目
国家科技部: 2014年全国优秀科普作品

新能源在召唤丛书

XINNENGYUAN ZAIZHAOHUAN CONGSHU

HUASHUO FENGNENG

话说风能

翁史烈　主编　祝炳和　夏期明　张道标　著

U0339429

广西教育出版社

出版说明

科普的要素是培育，既是科学知识、科学技能的培育，更是科学方法、科学精神、科学思想的培育。优秀科普图书的创作、传播和阅读，对提高公众特别是青少年的素质意义重大，对国家和民族的健康发展影响深远。把科学普及公众，让技术走进大众，既是社会的需要，更是出版者的责任。我社成立近 30 年来，在教育界、科技界特别是科普界的支持下，坚持不懈地探索一条面向公众特别是面向青少年的切实而有效的科普之路，逐步形成了"一条主线"和"四个为主"的优秀科普图书策划和出版特色。"一条主线"即以普及科学技术知识、弘扬科学人文精神、传播科学思想方法、倡导科学文明生活为主线。"四个为主"即一是内容上要新旧结合，以新为主；二是论述时要利弊兼述，以利为主；三是形式上要图文并茂，以文为主；四是撰写时要深入浅出，以浅为主。

《新能源在召唤丛书》是继《海洋在召唤丛书》、《太空在召唤丛书》之后，我社策划、组织的第三套关于高科技的科普丛书。《海洋在召唤丛书》由中国科学院王颖院士等专家担任主编，以南京大学海洋科学研究中心为依托，该中心的专家学者为主要作者；《太空在召唤丛书》由中国科学院庄逢甘院士担任主编，以中国航天科技集团旗下的《航天》杂志社为依托，该社的科普作家为主要作者；

《新能源在召唤丛书》则由中国工程院翁史烈院士担任主编，以上海市科协旗下的老科技工作者协会为依托，该协会的会员为主要作者。前两套丛书出版后，都收到了社会效益和经济效益俱佳的效果。《海洋在召唤丛书》销售了五千多套，被共青团中央列入"中国青少年 21 世纪读书计划新书推荐"书目；《太空在召唤丛书》销售了上万套，获得了国家科技部、新闻出版总署颁发的全国优秀科技图书奖，并被新闻出版总署列为"向全国青少年推荐的百种优秀图书"之一。而这套《新能源在召唤丛书》，则被新闻出版总署列为了"十二五"国家重点图书出版规划项目，相信出版后同样会"双效"俱佳。

我们知道，新能源是建立现代文明社会的重要物质基础；我们更知道，一代又一代高素质的青少年，是人类社会永续发展最重要的人力资源，是取之不尽、用之不竭的"新能源"。我们希望，这套丛书能够成为"新能源"时代的标志性科普读物；我们更希望，这套丛书能够为培育科学地开发、利用新能源的新一代提供正能量。

广西教育出版社

2013 年 12 月

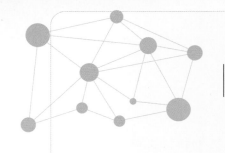

主编寄语

建设创新型国家是中国现代化事业的重要目标，要实现这个宏伟目标，大力发展战略性新兴产业，努力提高公众的科学素质，坚持做好科学普及工作，是一个重要的任务。为快速发展低碳经济，加强环境保护，因地制宜，积极开发利用各种新能源，走向世界的前列，让青少年了解新能源科技知识和产业状况，是完全必要的。

为此，广西教育出版社和上海市老科技工作者协会合作，组织出版一套面向青少年的《新能源在召唤丛书》，是及时的、可贵的。两地相距两千多公里，打破了地域、时空的限制，在网络上联络而建立合作关系，本身就是依靠信息科技、发展科普文化的佳话。

上海市老科技工作者协会成立于1984年，下设十多个专业协会与各工作委员会，现有会员一万余人，半数以上具有高级职称，拥有许多科技领域的专家。协会成立近30年来开展了科学普及方面的许多工作，不仅与出版社合作，组织出版了大量的科普或专业著作，而且与各省、市建立了广泛的联系，组织科普讲师团成员应邀到当地讲课。此次与广西教育出版社合作，出版《新能源在召唤丛书》，每一册都是由相关专家精心撰写的，内容新颖，图文并茂，不仅介绍了各种新能源，而且指出了在新能源开发、利用中所存在的各种问题。向青少年普及新能源知识，又多了一套优秀的科普书籍。

相信这套丛书的出版，是今后长期合作的开始。感谢上海老科协的专家付出的辛勤劳动，感谢广西教育出版社的诚恳、信赖。祝愿上海老科协专家们在科普写作中快乐而为、主动而为，撰写出更多的优秀科普著作。

2013 年 11 月

主编简介

翁史烈：中国工程院院士。1952 年毕业于上海交通大学。1962 年毕业于苏联列宁格勒造船学院，获科学技术副博士学位。历任上海交通大学动力机械工程系副主任、主任，上海交通大学副校长、校长。曾任国务院学位委员会委员，教育部科学技术委员会主任，中国动力工程学会理事长，中国能源研究会常务理事，中欧国际工商学院董事长，上海市科学技术协会主席，上海工程热物理学会理事长，上海能源研究会副理事长、理事长，上海市院士咨询与学术活动中心主任。

几十年前，中国城乡很少污染，河水清澈。春夏之交，在长江中下游，鲥鱼、刀鱼大量上市，鱼太多，小孩还不喜欢吃刀鱼，因刀鱼刺太多。可是短短的几十年后，因工厂排污，河流水质受染，长江里生存了上千年的刀鱼、鲥鱼、江豚几近绝迹，现今一条刀鱼要价几千元。居住在全国第二大淡水湖——洞庭湖边的人们，几乎无洁净水可饮（造纸厂排污，湖面上大量白色泡沫）。城市空气受汽车尾气等有害气体的污染，PM2.5超标。人类经济活动中燃烧化石能源时释放出大量的有害气体，污染大气，加剧温室效应，是地球环境受污染的罪魁祸首。环境问题是当前人类面临的最基本问题，我们每个人是环境污染的受害者，又是环境污染的制造者。人们开始认识到，为了自己，为了子孙后代，开发清洁能源，取代化石能源，是当务之急。

本书介绍的风能，就是替代化石能源的绿色能源之一。天空中到处有风，风力作用于风机的叶片使之转动，推动发电机发电，所以天空中蕴藏着无穷的能量。我们生活的今天，化石能源日益枯竭，油价不断上涨，电价跟着上涨。许多国家发展风能，替代化石能源，同时节能减排，以挽救生态环境。丹麦目前已经用风能解决本国所需电能的40%，并计划到2030年，完全不用化石能源。如今风电价格已低于核电，预测今后，风能将成为世界的主要能源。

今天的人们已认识到绿色能源的优越性，比如：一台3兆瓦风机一年可以提供的能量，相当于石油1.3万桶，减排二氧化碳5000吨；荷兰利用风机排水造田，建造了1/4的国土；一个5兆瓦风机可满足500户家庭用电，丹麦将筹建5000兆瓦风电，解决数百万人口用电；我国金风公司生产的风机容量，相当于每年

节约煤 728 万吨，或再造 994 万立方米森林；廉价风能可用于海水淡化，浙江普陀、嵊泗、舟山、杭州，山东青岛，河北，天津，福建东山及广东深圳已建成海水淡化的风电基地多处，产量从 2 万吨/天到 2600 万吨/天。

　　人类近一两百年的生产活动，已对生态环境造成前所未有的伤害，人们必须接受教训，否则我们的下一代会遇到更严重的环境问题，甚至可能清水、蓝天、健康的食物都成为稀有。我国政府对环保问题非常重视，近几年我国风能以 80%—100% 的增长率增长，进入世界前列。我国计划在 2020 年，风电建设规模相当于建 11 个三峡水电站或取代 170 个火电厂，其减排意义重大。青少年是未来的主人，愿他们在思想上建立并深化保护环境的意识，认识新能源的作用，用绿色能源把祖国建设得更美好。

　　本书是一本风能的科普书，主要介绍人类对风能的认识和利用过程，从风的种类、特征讲起，然后叙述风能的发展及其优缺点，并详细介绍了风力发电的原理、应用方式等，特别对改变能源起重要作用的应用，书中举了多例说明，最后展望了世界及我国风能的发展前景。为了较全面反映情况，本书参阅了国内外 100 多种参考资料，希望读者通过本书对风能有一个较全面的认识。感谢戴元超、杭文根先生对本书的大力支持和张金观先生对本书提出宝贵意见。书中若有不当之处，敬请读者指正。

祝炳和　夏期明　张道标

2013 年 7 月

目录
Contents

目录
Contents

开头的话

　　数亿年形成的煤和石油，人类只用了两三百年，现已所剩无几、行将耗尽（估计天然气 60—80 年、石油 30—50 年、煤 100—200 年将用完）。人类对自然的无限索取，使环境受污染、生态遭破坏，威胁到人类生存。为了子孙后代，人类应与自然和谐相处，逐步使用绿色能源是当务之急。人类的一切活动离不开能源，能源的竞争与维护，几乎成了一切国际事务产生的直接或间接原因，甚至引发战争。选择什么样的能源，还会影响我们的子孙后代。了解能源发展的历史现状和趋势，对能源做出正确选择，对国家安全和人民生活都很重要。本书对风能展开科普介绍，先回顾一下历史。

歌颂风能 （上海泰胜公司）

　　伸出如椽巨臂，挺起塔样脊梁，

　　是你邀来九天风神，为人类奉献无限风能。

　　张开洁白的翅膀，搏击雨雪风霜，

　　是你驱走黑色污染，为地球输送绿色能源。

　　人类离不开风，风是自然界最大的搬运工。风作为能源，很早被人类所利用。三千年前夏禹时期古人用风力来驱动船帆。汉代用风车来磨面碾米、引水灌田。唐代往来于中日的帆船五六天可到达。人类最早的航海家郑和掌握了帆船和季风规律，带领 27800 名船员及多艘大船，经南海、印度洋，直达红海及非洲东岸，访问 30 多个国家，航程 30 万千米，完成空前航海盛举。明代徐光启曾记载用风轮提水灌田。扬州等地以风车提水，便于耕种。江苏沿海地区用风力提水供灌溉、养殖、制盐及人畜用水。我国西北牧区难通电网，风力机可为人畜饮水、灌溉饲草及人工草场服务，它是草原畜牧业提高抗自然灾害能力的重要措施，用风能灌溉，既节约能源又保护环境。

荷兰的风车

风车约在公元 7 世纪时出现于伊朗。8 世纪，欧洲出现风力提水机。1492 年，哥伦布利用帆船发现新大陆。荷兰许多地区地势低于海平面，1836 年有 12000 座风车用于排水，以保护荷兰 2/3 的国土。1850 年，美国已有上万台风车。

　　蒸汽机出现之前，风能是当时重要的动力来源，对人类文明作出很大贡献。1873 年发电机、电动机出现后，全世界兴起电力热潮。风力发电机随之出现，1887 年英国、法国和 1888 年美国均出现风力发电机，功率在 3 千瓦到 12 千瓦，用于照明，一台风力发电机可点燃 350 个白炽灯。1908—1940 年，出现了许多小型风力发电机。风力发电走进居民住宅，迎风的院墙前矗立着微型风电机，随着叶片转动，风能转化为电能，为人们的生活提供电力。

住宅和厂房上的微型风能电机

　　2007 年，上海市天山路青年公寓安装了一个 3 千瓦垂直轴风力发电机，加上光伏电池，为大楼提供电力。世界上很多边远农牧地区安装电缆不大可能，因此当地盛行小型风力发电机发电，价格不贵，两千元左右。

　　1950 年中东发现油田后，风力发电机受到冷落。20 世纪 60 年代，核电崛起，也影响风力发电。1974 年和 1979 年两次石油危机后，油价上涨，人们又开始重视风能。

你知道吗

1973年10月，石油输出国组织（OPEC）对一些国家停止石油运输，同时将石油价格增加4倍，造成动力源切断，引起全球经济危机，物价飞涨，经济停滞，股市暴跌。第二次石油危机发生在1979—1980年，"两伊战争"使石油产量锐减，油价上涨，造成西方经济全面衰退。我国曾经遇到缺油的困难，1960年在公共汽车上装上大气包。由于城市交通运输离不开石油，一旦石油涨价，人民生活立刻受影响。

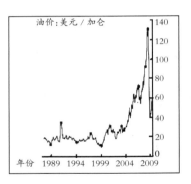

近年来油价的变动情况

近年来，为了加大风能功率，风力发电机尺寸不断增大。1982年前后开始发展"风电场"，一个风力机发电少，多个风力机集中在一个大区域内就形成了"风电场"。英国在托马斯河口建立风电场，发电量达一千兆瓦，可满足伦敦25%的住宅用电。丹麦仅数百万人口，却是风力发电及风轮制造大国。世界许多国家采用丹麦的风能技术。以色列和西班牙利用免费风能进行海水淡化，技术处于世界领先。澳大利亚拥有世界上最大的海水淡化厂。我国江苏大丰已建成日产百吨海水淡化工厂。欧洲各国土地狭窄，1990年大量开发近海风力发电。丹麦、瑞典、荷兰及日本的近海风力发电已形成巨大产业，例如丹麦的尼斯坦德风电场的发电量高达 165 兆瓦。现今风电价格已经比核电更便宜，全球风电量以每年 25％的速率增长。

丹麦哥本哈根港的海上风电场

一　中国风力发展现状

从下图可以看出，从 2004 年开始我国风电行业就有了快速发展，风电产业业绩增长已连续几年超过 100％。

2010 年，我国风电新增并网装机容量 1399 万千瓦，累计并网装机容量 3107 万千瓦，装机规模仅次于美国，位列全球第二；全年发电量 501 亿千瓦时，比 2009 年增长 81.4％。

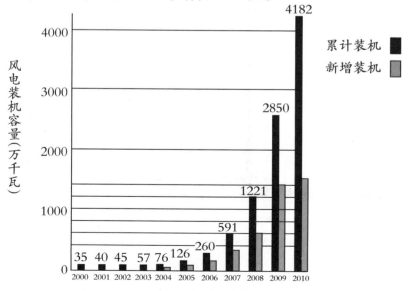

中国近 10 年风电装机容量变迁

2005 年以来，金风科技、华锐风电、东方集团等公司陆续推出国产化率 70％以上的风电机组，采用新技术提高发电效率，推动了我国风电装备产业的发展。华锐公司已生产 1 兆—6 兆瓦陆用及海用风电机组；金风公司已成为全球最大直驱动永磁风机的制造商。2010 年我国风电并网率达 87％。我国智能电网可以大量接纳风电，防止"弃风现象"（即风电因无法入网而浪费风能，半年内达 28 亿度电）。"十二五"期间我国重点扶植陆上 3 兆—5 兆瓦及海上 5 兆—10 兆瓦的风机研发。

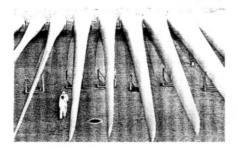

东方电气风电公司生产的风机叶片。与人对比，可见叶片巨大。

风机的支柱为一巨大建筑，高可达 100 米，内部还可架设长梯供人进入。

碧海蓝天之间，东海大桥风电场巍然屹立于上海市临港新城至洋山深水港的东海大桥两侧 1000 米以外沿线。在东海大桥东侧共安装风机 34 台，总装机规模 102 兆瓦，年上网电量 25851 万千瓦时，可供 20 万户上海市民家庭用电一年。上海世博会前夕，这一座亚洲海上风电场并网发电，为世博会提供清洁能源。

联合国气候变化委员会 2011 年 5 月公布的报告显示，到 2050 年，风能和太阳能将能提供全球 77％所需电能。2020 年中国风电装机容量将达 1 亿千瓦，进入世界排名第 1—2 名。中国在 2020 年后，将超过德国、美国成为世界最大的风电安装及设备供应国。

二　人类应与环境和谐相处

从下图可见，近百年来世界人口增长迅猛，人类个人能量消耗也增加了近百倍（下表），因而燃料资源需求猛增。

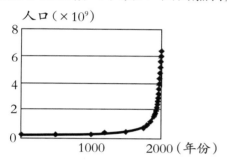

公元 1—2005 年间世界人口变迁中人口数量与年份的关系

历史上人类的能量消耗

时期	每人每天消耗（千卡）
原始	2
狩猎	5
农业	12
先进农业	26
蒸汽机	77
电气	230

1900 年世界石油产量 1 亿桶，20 世纪末 200 多亿桶；1900 年世界煤产量 10 亿吨，20 世纪末 52 亿吨。

石油来之不易，1 加仑（＝3.78 公升）石油需要 90 吨植物，经过数亿年才能形成。1950 年美国人均耗能 2000 千瓦时，2000 年增至 32700 千瓦时。随着城市化率的增大，人均二氧化碳排放量也在增长。美国、澳大利亚、英国、德国等排放量较大，中国人均虽较少，但总量占世界首位。

2010 年由于化石燃料燃烧、水泥生产、毁林及土地利用，全球碳排放总量达 100 亿吨，导致全球气温上升。

人类对自然无限索取，但自然界中的化石能源存量有限，是不可再生的资源，在两三百年内必然耗尽（见下页图）。世界气象组织报道：1750 年工业革命后，人们大量采用化石燃料、毁林及改变土地用途，产生大量二氧化碳。
2010 年二氧化碳排放量比
1750 年增加 39％，甲烷
排放量增加 158％，其进
入大气后会阻挡热能的散
失，从而使全球变暖，导
致气候恶化、环境污染、
生态破坏、气温上升，严
重威胁人类生存环境。

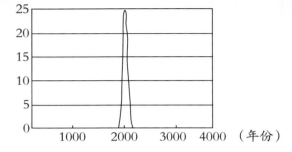

（开采数量）

在人类历史中化石燃料的开采和应用
（开采量与年份关系）

你知道吗

我国新疆地区有许多河流、草原、林木，是靠冰川雪
山的融化水滋养，如果气温上升，最终冰山消失，失去水
源，沙漠扩展，人类迁移将不可避免。

联合国世界环境日的主题连续三年（1978 年、1979 年、1980
年）为"没有破坏的发展"，希望人类的发展不要过分干扰大自然的
布局，人类自身的繁衍应与自然发展相匹配，真正实现人与环境可持
续的和谐发展，避免产生破坏性的发展。

近几十年来黄河流域人口猛增，生产规模无限扩大，耗水量急剧上
升。20 世纪 50 年代，下游灌区灌溉 14 亿平方米农田，90 年代灌溉 50 亿
平方米，增加 3.6 倍，然而黄河入海流量未增大而是逐渐变小：20 世纪
60 年代为 575 亿立方米，90 年代中期为 187 亿立方米，几十年里流量锐
减了一半多。水来得少却用得多，结果必然断流：1991 年断流 16 天，
1994 年断流 74 天，1997 年断流 226 天。我国的母亲河进入断流，人类应
检讨自己，无限发展下去将会危及下游人民的生存。

神农架有 4700 多种动植物资源，是"亚洲生物多样性保护示范区"，

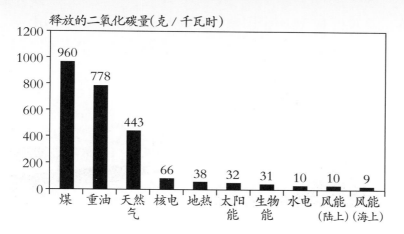

图示用不同类型的能源产生能量 1 千瓦时所释放的二氧化碳量（克）。从图可见风能和水能所产生的二氧化碳量为最少。

但如今建了许多水电站筑坝拦水，使多处河道断流。如香溪河 30 千米河道上建电站 12 座，使 10 千米河道断流，造成生态危机，多种珍贵鱼类的生存成问题。类似的电站筑坝拦水使河道断流，全国已很多例。

地球的环境危机向人类敲响了警钟，人们开始认识到能源问题的严重性。1987 年可持续发展的方针提出，并在全球达成共识。在能源利用上，要防止或减少对环境的污染，要开发无污染的新能源。缺乏煤炭资源的丹麦，1891 年建成第一个风力发电站。2001 年以来，各国风电场容量迅速增加，风电甚至比煤电、核电更便宜。如果算上煤电运输成本及污染治理成本，还有矿工兄弟的工伤及意外，风电的优势就更为明显。在世界上占 1/4 无电力地区，出现了大量风电、风电—柴油发电互补系统及多个小风力发电机。风电不存在燃料和运输问题，不担心煤价上涨，也无辐射及污染，且其价格可保持长期稳定。

风光互补系统发展很快，其太阳能板及风能发电机同时产生高效持久的电能，重量轻，安装方便。为了防止风速过大时的破坏，系统中装有电磁超速装置，这比通常的折拢系统更为可靠。太阳能及风能两者可以共用一个换流器，使本系统价廉、清洁并可靠。下图为该系统的重要部件分布示意图，它有多方面应用，可直接连至住家或公司，供水泵提水、通信、海岸站台照明，它宜于在各种气候条件下向电池充电，现已有 50 多个国家生产数万套供各类行业应用。

风光互补街灯

我国风能储量大，比水能丰富。现今风能全球年增长率≥30％，美、意、德、法≥50％。风能已成为增长最快的绿色能源。我国风能 2010 年累计装机容量 4182 万千瓦，同比增长 62％，跃居世界第一。全球风能理事会指出：中国已成为风能发展的生力军和主力军。

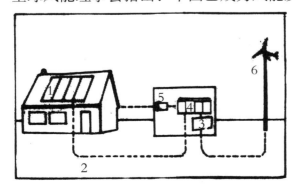

1-太阳能板（PV）

2-PV 给电池供电

3-电荷控制器：将风力发电机来电整流后再对电池充电

4-电池组

5-转换器：将电池中的化学能转换成市电给住户供电

6-风力发电机

小型风光混合供电系统重要部件分布图

2010 年，中国风力发电重大施工项目有 378 个，项目总投资额 3000 亿元，有多处陆上及海上风电场在建设中：甘肃酒泉有"世界风库"；河西走廊有"陆上三峡"；新疆达坂城位于准噶尔盆地和吐鲁番盆地通风口，有亚洲最大风电场。青岛沿着滨海公路展开了一条融风能开发、观光旅游、科研教育和环保示范于一体的沿海"风电长廊"。广东南澳岛位于台湾海峡喇叭口，有"风岛"之称。上海东海大桥风电场 102 兆瓦，年发电量 2.67 亿千瓦时。我国西北地区缺水，风电成为首选项目。内蒙古 60 万牧民用风电解决照明、看电视、牲畜饮水、分离牛奶、剪羊毛等问题，烧饭不用柴火。2008 年北京奥运会 20％的场馆采用风电。

新疆达坂城风电场，一大片不断旋转着"翅膀"的风机密布于天山脚下大峡谷地带——准噶尔盆地和吐鲁番盆地通风口，这是亚洲最大的陆上风电场，装机容量 1500 万千瓦。

风力还可以蓄水发电。用风力带动水泵抽水，将水电站下游水抽回水库，将增加水电站发电量。黑龙江牡丹江海林市已投资 54 亿元建立抽水蓄能电站。中国风能资源可开发量为 7 亿千瓦至 12 亿千瓦，全球可开发功率为 1.46×10^{11} 千瓦的风能，相当于 2005 年全球发电能力的 75 倍。风电完全有可能成为继火电、水电之后的第三大电源。

近年来风能新的应用技术取得快速发展。2007 年至今产生了许多新产品，包括各式小型家庭用风力发电机，低噪音、低振动磁悬浮风机，直接驱动永磁风机（它不用齿轮箱，减少故障及噪音），增能型风力发电机（使电能增大 5 倍多），还有不用电缆的风光互补路灯，安装在墙壁上的风力发电机及离网发电的风机，高速公路上利用汽车行驶产生的风发电的路灯。在西北风劲吹的寒冷冬天，室内可采用风能制热，提供 80℃ 热水供暖。现代风帆巨油轮（8 万吨）可利用风力助航。中国已大批量生产小型

上海和深圳的风光互补路灯。白天太阳光强，夜间风多，风能和太阳能可以互相补充。

及微型风机，除满足国内使用外，已出口国外数十个国家，产量占世界首位。美国加利福尼亚州阿尔塔蒙特山口是世界上最大的风电场，年产 100 万兆瓦时的电能，可满足旧金山这样的大城市需要。

高速公路上汽车往来不绝，利用汽车行驶产生的风，可在高速公路的隔离带中，形成风力发电。

近年来还研发出巨大能量的风力发电机，即人造龙卷风发电和太阳能塔热气流发电（其小型装置曾在上海风能展馆中出现），它们可以产生数百乃至数千兆瓦的风电（1兆瓦可供1000个家庭用电），现已有多个国家（美国、西班牙、德国、中国、南非、以色列、澳大利亚）投入试建。

英国赛尼特风电场是海上风力发电场，发电量能满足20万个家庭的用电需求。

2011年4月8日至10日及2012年4月26日至28日，先后两次在上海举行国际风能及海上风能设备展览会，分别有178家及400家企业参展，展示了风能技术的最新成果。许多风机存在的缺点，如尺寸过大、价格高、噪音大、遇大风及沙石撞击易损坏、对雷达信号产生干扰等，均已得到逐步改进。专家们认为，从技术成熟度及经济可行性看，风能最具竞争力，新能源产业的发展要看风能，它可利用的价值最大，且价格低，近年来其价格下降也快（见下表及下图），风能将成为新能源的主角。未来将是以风能为主、其他能源为辅的时代。

全球可再生能源一览表

可再生能源	功率（瓦）	可利用的值	
		功率（瓦）	能量（夸特/年）
太阳能	1.8×10^{17}		
风能	3.6×10^{15}	1.3×10^{14}	3900
水能	9.0×10^{12}	2.9×10^{12}	86
地热能	2.7×10^{13}	1.3×10^{11}	4
潮汐能	3.0×10^{12}	6.0×10^{11}	1.9

风能和其他可再生能源的价格比较（美分/千瓦时，2011年）

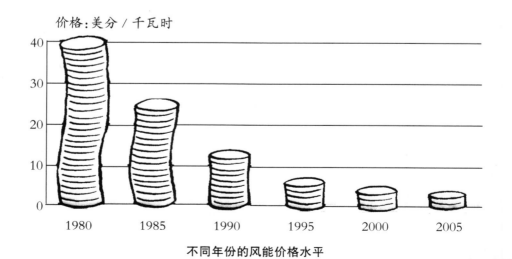

不同年份的风能价格水平

人类的家园——地球只有一个，经过了千万年的演变，今天我们的森林、河流、冰川、湿地、草原处在一个自然平衡状态。人类应敬畏和爱护自然，不要轻易破坏平衡，破坏它就容易带来灾害。应检讨过去的能源政策，发展绿色能源，使地球恢复绿色。

你知道吗

德国为全球风能技术先进国家，风能设备生产占全球市场的37%，为出口冠军。在德国，风能设备制造业已取代汽车制造业和造船业，德国人认为风能完全可以代替核能，德议会2011年6月30日批准放弃核能，2022年将关闭所有17座核电站。其风电发展规划部门指出：到2025年，风电将占电力总用量的25%，到2050年将占50%。瑞士、意大利也将关闭本国核电站，日本于2011年7月宣布"去核电"。

柴薪

煤炭

石油

电力

风力发电及太阳能

人类历史上的能源变迁：柴薪——→煤炭——→石油——→电力——→风力发电及太阳能。

第一章
大自然永恒的风与风能

人们出门就遇到风，可是并不很了解风。我国全年雨量的40％—60％是依靠季风带来的，水稻和棉花依靠它得以茂盛生长。台风引起大灾害，但我国及东南亚地区年降雨量的 1/4 是它带来的，没有它，会造成严重干旱，就如 2011 年 5 月，长江中下游烟波浩渺的两大淡水湖（洞庭湖和鄱阳湖）水面缩减 73％，湖心区出现草原；湖南省 70％的土地干旱，118 万人及 57 万头牲畜饮水困难。没有风，地球上的温带将消失，热带更热，寒带更冷。风是天上掉下来的"煤"，它将是人们未来生活中的主要能源。

风光互补路灯　　　　　边远地区风光供电　　　　　学校科普教育

云南昆明美丽的滇池旁，当夜幕降临时，63 千米的环湖路上4211 个风光互补路灯一齐点亮，为滇池系上了一条漂亮的腰带。它是利用风和太阳光供电，白天电能储存在蓄电池中，无需接入市电网中，实现零电费，无需配电设施及开挖电缆沟、铺管线，每个灯均为独立安装。

第一节　风是怎样形成的

　　风看不见、摸不到，却是无处不在的自然现象，汹涌的海浪，怒吼的林涛，飘扬的旗子，都是风作用的结果。春风和煦带来万物生机，夏日凉风使人心旷神怡，秋风吹过带来丰收喜悦，北风怒吼迎来凛冽寒冬。科学家认为：风是运动的空气。

　　流动的水称作水流，电荷流动称作电流，流动的空气称为气流或风。早晨太阳斜照地面，温度上升不快，中午太阳直射，人就感到很热。同理，地球的赤道地区，太阳光垂直照射，地面接受的热量多，温度也高。而高纬度及南北极地

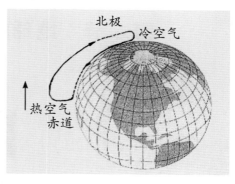

区，太阳斜照，强度弱，因此气温低。北极的冷空气具有高气压，而赤道地区气压低，因此在气压差的驱动下，北极的冷空气流向赤道地区（北风）；赤道地区热空气被置换而上升，流向南北极（南风），风就是这样形成的。运动会产生能量，水流有水能，风有风能。应用风能对环境的损害要远小于煤、石油、天然气、核能，利用风能不会产生二氧化碳。风是可再生的持续的清洁能源，全球可开发的风能相当于 2005 年全球发电量的 75 倍。风从方方面面影响人类的生活：风，带来冷暖四季；人类的主粮水稻和小麦靠风传授花粉以繁殖；风帆可助航，百万雄师过大江，帆船立了大功。风为人们提供娱乐生活，也

经常出现于人们的精神和文化生活中。

磁悬浮风力机无摩擦、无噪音、无抖动、寿命长，做到轻风启动、微风发电。风光互补的路灯，夜间可照明 10 小时，其不需铺设电缆，对我国 7 千万人口的无电区域非常有用，上海及深圳均已制成。

第二节　地球的外衣——大气层

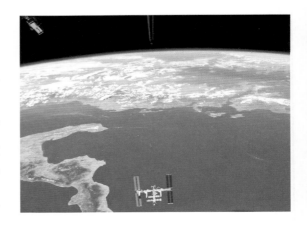

在航天飞机上俯瞰地球，地球被一层淡蓝色的外衣包裹着，这层外衣就是地球大气（也称为大气圈）。地球大气是地球上一切生命赖以生存和进化的基础环境条件，也是人类和地球生物的"保护伞"。有一天，北京大雨倾盆，我乘飞机从机场起飞，一升到高空，阳光灿烂，万里无云。从窗口向下看可以见到朵朵棉花状云絮，因为飞机已从地面对流层升空，到距地面 10 千米的平流层中，那里已经云雨绝迹，一片晴朗。

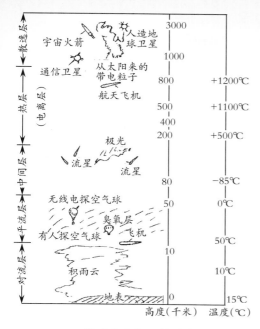

地球上大气层的分布

地球表面的大气层厚度有上千千米，大气层又分成对流层、平流层、中间层、热层、散逸层。平流层内空气稀薄，天空中的飞机密封舱一旦被打开，人将会窒息死亡。

下面介绍大气层各层的情况：

1. 对流层。对流层内空气上下流动（空气对流），对流层由此得名。此层高度为8—18千米（和纬度有关）。对流层中云、雨、雷、电等天气现象非常活跃。对流运动把地表的水汽、杂质向高空输送，高空的低温利于水汽的凝结和云滴成长为雨滴。

2. 平流层。此层内气流以平流运动为主。层内水汽及杂质极少，云、雨现象在这里近于绝迹，能见度好，气流平稳，是良好的飞行层次。

3. 中间层。层内的气温随高度升高而迅速下降，顶部已降到—83℃以下。

4. 热层。在270千米的高度，空气密度仅是地面的百亿分之一。在300千米高度，因吸收了太阳辐射，气温达1000℃以上。气体处于电离状态，故又称电离层。该层能反射无线电波，电波在地面和电离层间经过多次反射而传播到远方。

5. 散逸层。指800千米高度以上的大气层。气温随高度增加而升高，大气质点运动加快，地球引力渐小，大气分子易脱离引力场进入星际空间。大气上界大体为2000—3000千米。

大气层中气流所受的主要作用力有：（1）重力；（2）气压梯度：空气在气压作用下，从高压向低压运动，气压差愈大则风速愈大；

（3）摩擦力：地面房屋、树木和涡流等会对气流运动造成阻力；（4）地球从西向东自转，从而形成偏向力，它使风的方向偏转。

在全球范围内的大气运动称为大气环流。在上述四种力的作用下，呈现出不同的大气环流图案。气压梯度是大气流动的推动力，大气流动的结果是全球各处热能分布更均匀。气流还受到地球自转偏向力的作用，使北半球气流方向偏转，产生东北风，而南半球产生东南风，它们按时到达，故称信风。大气层内气流沿稳定的路线运动，运动范围可以达数千千米。它们会影响陆地上的气候、寒潮、季风、降雨等。2011年5月，我国长江中下游发生严重干旱，两大淡水湖洞庭湖及鄱阳湖局部见底，这主要是大气环流的影响。

第三节　风的种类

常见的几类风有季风、海陆风、山谷风、台风、龙卷风等，以下进行详述。

一　季风——给水稻、棉花充足的雨水

季风是一年内大范围盛行的，风向随季节发生变化的风。它对农业生产及远洋航海起关键作用。在冬季，大陆比海洋寒冷，其气压也高，故风从大陆吹向海洋。到了夏天，大陆气候炎热，气压也低，风从高气压的海洋吹向内陆。这种随季节变化而变化的风就是季风。冬天，西伯利亚和蒙古内陆地区空气寒冷干燥，气压高，它向低气压的南方侵袭，形成寒潮。

每年冬天有多次寒潮侵袭南方，到次年的春天才消失。夏天的季风、东南风多来自太平洋，印度洋及南海形成西南季风，影响我国西南及南方各省。

印度洋的季风支配着印度和巴基斯坦的全部农业生产，十二月中旬到次年五月底，那里吹着干燥的东北风（冬季季风），那段时期为干燥明朗的天气。六月底开始，夏季季风——潮湿的西南风从海洋吹来，全印度都普降大雨，全国收成与降雨密切相关。如果"季风雨"开始得早些或结束得迟些，则饥荒将不可避免。

在太平洋及南海热带地区海洋上空，有时会形成空气旋涡，构成海洋风暴，其登陆我国台湾及东南沿海，有很大的破坏力。我国年平均降雨量与季风息息相关。从东北大兴安岭到西南雅鲁藏布江河谷，可以画一条等降水量线（400mm），从这条线的西北地区到东南地区，雨量逐渐增大，最西北地区年降雨量20mm不到，最东南地区年降雨量达2000mm。从下表数字完全可以看出：从东南到西北雨量的变化是受东南季风的主宰。

地区	年降雨量
台湾	2000mm
东南沿海	＞1600mm
长江流域	1200mm
秦岭淮河一带	800—1000mm
华北、山东半岛	600—800mm
东北大部分地区	400—600mm
宁夏回族自治区以西	100mm
柴达木盆地、塔里木盆地	15—16mm

受季风影响，我国夏季是同纬度最温暖的地区，光热条件满足水稻、棉花的生长需要。夏季季风给大陆带来充足雨水，为农业生产提供有利的气候条件。每年4—6月，广东、广西、湖南、江西、福建等地，东南季风带来大量雨水，其数量占全年降雨量的40%—60%，

极易造成水灾。1954 年，东南季风被北方冷空气所阻，一直到七月下旬，雨带还停留在江淮地区，使长江中下游出现百年不遇的洪水。1959 年，东南季风势力强盛，其前锋未在长江流域停留，致使该地区出现严重干旱。1959 年，珠江流域出现百年不遇的洪涝灾害。从上可见，了解季风的活动规律，对气象预报、防止灾害起重要作用。

明朝初期，郑和率领中国庞大的远洋船队（船员达 27800 人）七次远航，历时 28 年，展现了明初对外开放的宏大规模。他们掌握了洋流和季风规律，没有任何燃料，仅靠风能完成空前成功的航海事业。他们选择冬季从我国出发，夏季返回。因为冬季北印度洋盛行东北季风，郑和由东向西顺风航行；夏季北印度洋盛行西南季风，郑和由西向东也是顺风航行。我国东部沿海地区也属季风区，冬季盛行西北季风，郑和冬季出发南下顺风顺水航行；夏季盛行东南季风，郑和夏季返回也是顺风顺水航行。

二　海陆风——带来沿海风资源

住在海边的人们知道，在昼夜温差较大的晴天，白天风常从海上吹向陆地，而夜晚风则从陆地吹向海洋。这是因为在海边，海水比热容大，太阳照射后表面升温慢；陆地比热容小，太阳照射后升温快。

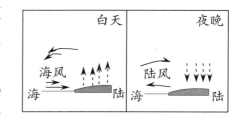

海陆风生成示意图

所以在白天，陆地空气温度高，空气上升而形成从海面吹向陆地的海陆风；反之，在夜晚，海水降温慢，海面空气温度高，空气上升而形成由陆地吹向海洋的陆海风。

一般海陆风比陆海风风速快，达 5—6 米/秒，而陆海风为 1—2 米/秒。海岸线附近海陆风强度大。通常热带地区全年有海风，海风伸展距离达 50—100 千米。温带伸展距离为 15—50 千米。中等纬度地区夏天有海风，高纬度地区则海风较弱。

比热容是单位质量物质升高单位温度所需的热量。水的比热容最大，气体的比热容最小，土壤比热容介于两者之间。

因此当太阳照射时，海水升温比陆地要慢；太阳落山后，海水降温也比陆地慢。

在气温日变化较大的热带地区，全年都可见到海陆风。我国东南沿海及岛屿有海陆风，是我国最大的风能资源区，其有效风能密度≥200 瓦/平方米，有效风力出现的时间百分率达 80%—90%，风速≥8 米/秒的时间达 7000—8000 小时/年，这些地区具有很大的风能开发价值。广东南澳风电场为我国目前最大的海岛风电场。南澳是广东省唯一的海岛县，地处台湾海峡喇叭口西南端，风力资源丰富，年平均风速达 8.54 米/秒，有效风能密度 1101 瓦/平方米，年有效利用时数超 7000 小时，远远超过世界平均水平。南澳风电场风况属世界最佳之列，目前，已安装风力发电机 132 台，总装机容量 5.4 万千瓦，年可发电 1.4 亿千瓦时，已成为亚洲最大的海岛风电场。

三　寒潮有益还是有害

冬天，在北极地区和西伯利亚、蒙古高原一带，太阳光为斜射，地面接受太阳光的热量很少。太阳光照射的角度越小，地表的温度越低。北冰洋地区的冬季，气温经常在－20℃以下，最低时可到－60℃～－70℃。气温低，大气的密度就大，气压增高，形成一个势力强大、深厚宽广的冷高压气团。当其增强到一定程度时，就会像决了堤的海潮一样一泻千里，向我国袭来，这就是寒潮。寒潮的影响范围，其东西长度可达几百千米到几千千米，但其厚度一般只有两三千米。寒潮的移动速度为每小时几万米。寒潮和强冷空气带来的大风降温天气，是我国冬季主要的灾害性天气。寒潮大风对沿海地区威胁很大，陆地风力可达 7—8 级，海上风力可达 8—10 级。有一年正值天文大潮，寒潮暴发，造成了渤海湾、莱州湾几十年来罕见的风暴潮。在山东北岸一带，海水上涨了 3 米以上，冲毁海堤 50 多千米，海水倒灌 30—40 千米。寒潮带来的雨雪和冰冻天气，也对交通运输造成危害。在西北沙漠和黄土高原，寒潮表现为大风少雪，还极易引发沙尘暴天气。

各地区寒潮和强冷空气活动次数

类别 地区	西北	东北	华北	长江	华南
寒潮	91	270	109	88	84
强冷空气活动	230	326	259	201	184
合计	321	596	368	289	268

寒潮也有有益的影响。寒潮携带大量冷空气向热带倾泻，使地面热量进行大规模交换，有助于自然界的生态保持平衡，保持物种的繁茂。我国受季风影响，冬天气候干旱，为枯水期。但每当寒潮南侵时，常会带来大范围的雨雪天气，缓解了冬天的旱情，使农作物受益。因为雪水中的氮化物含量高，是普通水的 5 倍以上，可使土壤中的氮素大幅度提高。雪水还能加速土壤有机物质分解，从而增加土壤有机肥料。大雪覆盖在越冬农作物上，就像棉被一样起到抗寒保温作用。寒潮带来的低温，是目前最有效的天然"杀虫剂"，可杀死潜伏在土中过冬的大量害虫和病菌，或抑制其滋生，减轻来年的病虫害。据各地农技站调查数据显示，凡大雪封冬之年，农药可节省 60% 以上。寒潮还带来风资源，例如日本宫古岛风能发电站寒潮期的发电效率是平时的 1.5 倍。

四 山谷风——风口是建风电场的最佳选址

山谷风是指山区在昼夜间形成的山风，又称谷风或平原风。在山区，白天由于太阳光照射，山坡受热后，温度高于山谷上方相同高度的空气，坡地上的暖空气上升，从山坡流向谷地上方，谷地的空气沿着山坡向上补充流失的空气，这就形成从山谷吹向山坡的谷风。在夜间，热量向空中散发，高空中空气密度增大，冷空气沿着山坡流入山谷，形成了山风。在峡谷中则风速将增强。山区的人们知道，白天，谷风从谷底向山上吹送；夜晚，山风从山上吹向山谷。

山谷风的形成

不可小看山谷风，适当利用它，可以形成巨大的能量。把风力发电机安装在能形成渐缩形风通道的山峡或山口，使风速增大，那是风力发电场最为理想的选址。

我国甘肃酒泉的例子说明可以利用山谷风建成巨大的风力发电场。从地形上看，酒泉四周有天山、祁连山、阿尔金山并肩耸立，疏勒河谷在酒泉大地上蜿蜒千里，从东向西穿越而去，正好形成了一个巨大的"喇叭状"地形。从气象上讲，西伯利亚的高压气流受巍巍祁连山阻挡，从嘉峪关以西的开阔地带进入疏勒河谷，沿玉门、瓜州向西，越敦煌，奔楼兰，这就是著名的气流"狭管效应"。

瓜州县地处茫茫戈壁，因风能丰富被称为"世界风库"。它所处之地，祁连山和马鬃山南北相望，两山夹一谷，因特殊的地理环境和季风的影响，形成了一条东西大风通道。

酒泉瓜州风电场

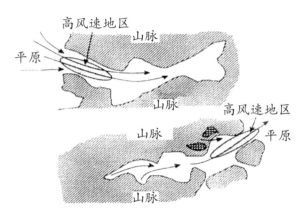

在山脉夹峙的山谷，易形成高风速区

如今，在瓜州人的努力下，昔日"一年一场风，从春刮到冬"的风害，正被源源不断地转化为电能。瓜州的"风库"，成了绿色"金库"。从嘉峪关西望，茫茫戈壁上，一排排银色"风车巨人"千里布阵，百里为营，桨叶旋舞，蔚为壮观。瓜州人计划用十几年时间，把那里建成世界最大的风电基地，让昔日的"世界风库"变成"风电之都"。届时，装机规模将超过三峡电站的50%，相当于建成10个葛洲坝电站或者18个大亚湾核电站。

另外，新疆地区还有多处风口，西自阿拉山口向东南如达坂城（30里风区）、七角井（百里风区）、天山—马鬃山（烟墩风区）、安西等。风口处风大的原因是特殊地形和冷空气活动。东西走向的天山山脉在吐鲁番盆地交汇处有多处山口，由于"狭管效应"，风力加强，从乌鲁木齐经达坂城是天山的一个谷地，达坂城海拔1103米，过达坂城后，海拔急剧下降，吐鲁番海拔34.5米，托克逊海拔仅1米，它们之间的水平距离仅90千米，地形坡度极其陡峭，冷空气在翻过达坂城谷口后，顺着地势下滑，势不可挡。从达坂城到托克逊，有一条河谷，冷空气顺河谷直插托克逊，使托克逊的风力比吐鲁番更强。

另外吐、鄯、托盆地为沙漠戈壁，吸热性强，空气密度低，气温高，而入侵的冷空气相反，是密度高，温度低，强冷空气入侵北疆之际，加上地势差、气压差、气温差，三"差"叠加，遂形成了强劲大风。

同样，美国加利福尼亚州的圣戈尔戈尼奥地区处于两座山脉之间，为宽阔空旷地区，一年大多数时间都会有强劲的大风从那里吹过，目前有 3500 台风力发电机在那转动着。

五　台风——带来水灾的祸首，驱除干旱的甘霖

台风（或称飓风）是一种破坏力极大的风，是形成于热带海洋的强烈风暴，其中心最大风速可达 17—30 米/秒，风力达 9—12 级以上。台风实际上是热带空气旋涡，它急速旋转，像个陀螺，最大直径可达 2000 千米，顶部达 15—20 千米。靠近中国的西北太平洋是世界上最不平静的海洋，为自然灾害最易发生地区。每年盛夏或初秋，我国东南沿海经常遭受台风的袭击，每年可达 20 次。

台风通常发源于南海中北部、菲律宾群岛以东，琉球群岛、马里亚纳群岛、马绍尔群岛等处的海面。于 7 月、8 月、9 月出现的发展成熟的台风，其结构从外向中心排列，依次包含有外围涡旋云带、云墙区和中心的台风眼。涡旋云带的最外层为层积云，然后是浓积云和积雨云，一条条向内旋入的螺旋云带，是台风中水汽和热量的输送者。云墙区是在台风中心周围高耸的积云区，区内有强上升气流及厚云层，宽度为 8—20 千米。台风形成的大风及暴雨均出现在云墙区，

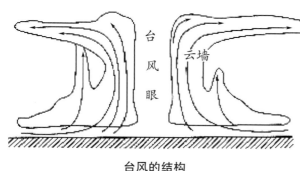

台风的结构

台风的红外云图

在台风地区，树木会顺风向生长

台风眼位于台风中心，直径 5—10 千米，台风眼内有下沉气流，其上无云，白天可见阳光，夜晚可见星光，且风平浪静。其好像台风的眼睛，又像云墙中的一眼深井。

台风是一种破坏性强的天气，它带来大风、暴雨和风暴潮。台风又是巨大的能量库，风力为 12 级时风压可达到 230 帕。台风是一个强降雨系统，在一天内可发生 300—800 毫米的大暴雨。台风吹向陆地时，海水涌向海岸，形成风暴潮，水位可抬高数米，巨大压力会使堤岸经受不住而溃决，淹没大量农田和村庄。

1975 年 8 月，河南省驻马店地区的台风带来暴雨，6 小时内雨量达 830 毫米，超过了当时世界最高纪录，8 月 5 日至 7 日 3 天的最大降雨量为 1605 毫米，相当于驻马店地区年平均雨量的 1.8 倍。到 8 日 1 时河水涨至最高水位 117.94 米，防浪墙顶过水深 0.3 米时，大坝在主河槽段溃决，板桥、石漫滩两座大型水库，竹沟、田岗两座中型水库和 58 座小型水库相继垮坝溃决。1780 万亩农田被淹，1015 万人受灾，因为是半夜决堤，超过 2.6 万人死难，京广线被冲毁 102 千米，成为世界最大的水库垮坝惨剧。垮坝溃决时库水骤然倾下，洪水进入河道后，又以平均每秒 6 米的速度冲向下游，形成一股水头高达 5—9 米、水流宽为 12—15 千米的洪流，驻马店地区的主要河流全部溃堤漫溢。全区东西 300 千米，南北 150 千米，60 亿立方米洪水疯狂漫流，汪洋一片。

2005 年登陆美国南部海岸的台风"卡特里娜"，向密西西比河注入大量雨水，造成美国新奥尔良市洪水泛滥，防洪堤出现决口，洪水涌进市区，全市 80% 的街区陷入洪水之中，水深达 6 米，全市人员撤离，因飓风死亡的人数达上千人。

从上可见，水库经受天灾时，会造成巨大灾难，而且在河流上游建水库，会影响下游生态平衡，有时还会造成与下游邻国间的矛盾。

事物总是有两面性的，台风虽然危害大，但它带来大量雨水，例如我国及东南亚地区台风造成的降雨量占本地区降雨量的 1/4，如果没有台风，会使这些地区发生严重干旱。另外台风也起调节热平衡的作用，它把热带地区的热驱送到高纬度地区，如果没有台风，会使热带地区越发炎热，寒带更冷，地球上的温带将会消失，许多动植物将灭绝。

六　龙卷风——扫过之处成废墟

在山涧急流中，常出现像漏斗状水流旋涡，如把木片投入，会立刻被水流吸入。在空气中也会出现类似的漏斗状旋涡，这就是可怕的龙卷风。龙卷风是从积雨云中伸向地面的中小范围强烈旋风。它出现时往往有漏斗状云柱从云底向下伸展，同时产生大风、暴雨或冰雹，其掠过水面，能吸水上升，形成的水柱和云相接。它行进时，由于风速极大，破坏力巨大，所过之处将造成一片废墟，卷倒房屋，吹折电杆，把人、畜和杂物吸卷到空中，带往他处。龙卷风常发生于夏季的雷雨天气时，以下午至傍晚最为多见。龙卷风在 2—3 千米高处，直径约 1 千米，再往高处可达 3—10 千米。其移动路线多为直线，速度为 15—70 米/秒。中心风速极高，为 100—200 米/秒，中心气压极低，仅为大气压的 1/5，上下温差很大，例如地面气温约 20℃，而高空（8000 米）温度仅 −30℃，于是上面的冷空气急速下降，下面的热气流迅速上升，上升气流遇到水平方向的风会旋转，形成空气旋柱，旋涡流和水平方向的强对流叠加后形成龙卷风。

世界上有 75％的龙卷风发生在美国。2011 年 4 月一场极其罕见的强风暴，3 天内在美国 14 个州造成 241 场龙卷风，导致百余人死亡和多人受伤。美国中西部地区后来再度遭遇强龙卷风袭击，密苏里州很多地区被龙卷风夷为平地。美国多龙卷风，是因为其东有大西洋，西有太平洋，南临墨西哥湾，三面环水，大量水汽飘向美国易形成雷雨云。另外进入美国公路干线的汽车达 250 万辆以上，对向逆行的汽车会造成气旋涡，大量汽车的旋涡叠加，再遇上相应的大气温湿条件，就会增加龙卷风出现的机会。2003 年 6 月 11 日晚，台湾高雄地区突然发生 40 万户大停电，是由龙卷风造成的。当时刹那间一片漆黑，天昏地暗，狂风把 60 米高的高压铁塔卷入旋涡中。龙卷风的中心风速可达到每秒上百米，巨桥都可掀到天空。龙卷风虽然危害大，但利用人造龙卷风可以建立巨型电站。

茹科夫斯基设计的
龙卷风试验装置

有人曾试验人造龙卷风：在盛水容器上方距水面 3 米处，安装直径为 1 米的叶轮。当叶轮快速旋转时，将在叶轮下方形成低气压区，容器中的水就会爬升，形成人工龙卷风现象（如图）。这种人造龙卷风为后来风力发电机的风源提供很好的思路，目前国内外已有好几项专利，用它进行风力发电。

第四节　风的特征

一　风向的测定

人们把风吹来的地平方向，确定为风的方向。来自南方的风称为南风，来自北方的风称为北风。当风在某一方向有摆动时，就加一字"偏"，例如偏北风等。

在陆地上风向用 16 个方位表示，海上则用 36 个方位表示，在高空则用角度表示，即把圆周分成 360 度，北风为 0 度也即 360 度，南风为 180 度，其余类推。

观测风向的常用仪器为风向标。当风向标的头部与来风方向相一致，翼板两边受力平衡，风向标就趋于平衡状态，此时风向标头部所指方向就是风的方向。目前已有自动测风系统，如杯式测风速式，利用传感器可测定风向、风速、风温及气压等参数。有的风向仪表面还可以喷涂具有夜光及反光功能的材料，以便于夜间观察。

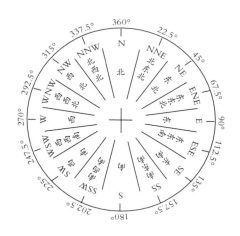

风向的 16 个方位图

 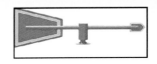

杯式及袋式风向标　　　　　　　　平板式风向标

二　风的分级

风力有大小，根据风吹过而影响地面物体的征象，可分成 17 个等级，如下表列出相应海面的浪高（表中只列出常用的 12 级）。

风力的等级

风力等级	陆地地面物体征象	风速（米/秒）	海面浪高（米）
0	烟直上	0—0.2	0
1	烟可表示方向	0.3—1.5	0.1
2	树叶微动	1.6—3.3	0.2
3	树叶及微枝摇动	3.4—5.4	0.6
4	灰尘及纸张吹起，小树枝摇动	5.5—7.9	1.0
5	小树摇摆，水面有小波	8.0—10.7	2.0
6	大树枝摇动，举伞困难	10.8—13.8	3.0
7	全树动摇，迎风步行不便	13.9—17.1	4.0
8	微枝折断，前行感觉阻力大	17.2—20.7	5.5
9	大树枝折断	20.8—24.4	7.0
10	草木被吹倒，破坏一般建筑物	24.5—28.4	9.0
11	大树被吹倒，一般建筑物严重破坏	28.5—32.6	11.5
12	摧毁力极大	32.7—36.9	14.0

达到一定级别的风，会给人们生活生产造成大破坏，例如 11 级风造成沙尘暴。不同的高度，风速也有变化。楼高风大，高处不胜寒，楼顶的风比楼下的风要大，说明在高处风速较大。空气流动受到

地面的楼房、树木、涡流、地面摩擦等多因素影响，使风速减低。当高度达到千米左右，地面摩擦力的影响便基本消失，这时影响风速的主要因素是该高度下的气压梯度。每天气象台预报的风级，是在距地面 10 米处的风力等级。在开发风能时所用风力机常安装在距地面几十米到百米的高处，因此应考虑风速随高度变化的因素。我国辽宁沿海风力资源丰富，已进入大规模开发，建立了 70 米高的测风塔 23 座、100 米高的测风塔 3 座，以提供科学的风能数据。

测风塔

近年来，风力涡轮机的高度逐渐增高，例如 100—138 米。美国 Second Wind 公司开发了遥感技术测量系统，相比测量塔更为经济、灵活和简便。它利用光波或声波，可以在地面上进行测定，不需要测风塔。光讯号或声讯号遇到空气中的变化，会反射回到传感器，它能显示出风力相对于传感器的位置的走向，可以测量高度达 200 米的风速。

三 风况

描述风能资源，有几项重要指标来表征风的特性：风速频率、风速变幅、风能密度及风况曲线。

1. 风速频率。风力强弱不定，风速也经常发生变化，人们把各种速度的风出现的频繁程度称作风速频率。相同风速出现的时数占其总时数的百分比，就是该风速的风速频率。

2. 风速变幅。风速的变动或波动的幅度称为风速变幅。平均风速是各瞬时风速的算术平均值。例如平均风速 10 米/秒，它可以是瞬时风速 8 米/秒和 12 米/秒平均而得到，也可以由 5.5 米/秒和 14.5 米/秒平均而得，但风速的波动后者大于前者，人们把这种风速的波动称为风速变幅。作为用户，希望平均风速大，又希望变幅小，这有利于风力机平稳运行。

3. 风能密度。空气流动产生了风，这种空气运动所产生的动能称为风能。通过单位面积的风所含的能量，称为风能密度。风能密度与空气密度及风速有关，而空气密度与高度相关，地势低时空气密度大，而高山处空气稀薄，空气密度小，但如果风速大则风能也大。

风能密度是决定风能潜力大小的重要因素。一般在海边，地势较低，气压高，密度大，风能密度也大。高山气压低，空气稀薄，风能密度也小，但如果风速大，气温低，则仍有较大风能潜力。总之，风能密度大，风速又大，风能潜力最佳。

当风速大于 2 米/秒时，就可以开发利用风能。通常采用 3—20 米/秒作为有效风速，在这一数值范围计算的平均风能密度称为有效风能密度。我国规定有效风能密度为 50—150 瓦/平方米和全年有效风力出现时间达到 2000—3000 小时的地区，划为风能可利用区。我国北部及东部、南部沿海为可优先利用区。

4. 风况曲线。它是将全年（8760 小时）内，风速在 v 米/秒以上的时间作为横坐标，风速作为纵坐标，得出风况曲线图（如图所示）。从曲线就可知道该地区一年内，在某种风速以上有多少小时，从而制订相应的风能利用计划。

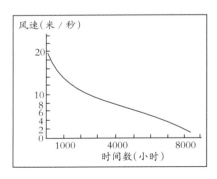

风况曲线图

第五节　大自然的绿色能源
——风能

一　能源的发展及新能源的出现

能源是人类生活的基础，没有能源就没有一切。远古时代人类依靠收集植物及捕捉动物充饥。约60万年前，人类开始用火燃烧木材、煮熟食物及取暖照明，而后开始冶炼矿物，制造铜器、铁器及陶器。18世纪蒸汽机出现，促进煤的大规模开采，煤代替木材成为原动力，使手工业生产变成机器生产。18世纪70年代出现内燃机，1866年出现发电机，宣告现代物质文明的诞生，电力进入大量应用。20世纪初，汽车工业发展，石油用量大增，1970年前后石油在能源中的比例已达到54％。核能的利用更是能源发展的新突破。

能源是否可以不断地再生及补充呢？人们把能源分成可再生及不可再生两类。煤、石油、天然气、核电（原料铀矿），它们的储量有限，会不断减少，是不可再生能源；而水能、风能、地热能等取之不尽，可以不断再生，称为可再生能源。经科学估计：煤大约可再开采250年，天然气60—100年，铀矿30—50年。在人类大量开采和使用下，化石能源必将有耗尽的一天。

化石能源在燃烧时，会产生大量有害气体。1吨煤燃烧后产生3.5吨二氧化碳、60千克二氧化硫、3—9千克二氧化氮、9—11千克

煤粉尘及重金属和致癌物，其中极细粉尘主要来自柴油车尾气。粉尘表面易吸附有害气体，它们可以长期飘浮在空气中，易吸附于人的肺泡壁上。而二氧化硫及二氧化氮会和水生成硫酸和硝酸，形成被人们称为"空中死神"的酸雾和酸雨。1952 年曾发生"伦敦烟雾事件"，由于煤燃烧产生大量烟尘，恰逢高气压，地面空气无法散去，使烟尘停留在城市上空。伦敦大雾持续 8 天，有 4000 多位老人死亡。2011 年 12 月 14 日，我国兰州市一整天被雾霾所笼罩，呈重污染天气，污染指数高达 314，并持续了好几天。

工业污染

使许多人不幸丧生的"光化学烟雾事件"曾发生于一些大城市中，如美国洛杉矶。洛杉矶因商业及旅游业发展，人口剧增，人们发现每年夏秋之交，城市上空弥漫蓝色烟雾，使人眼睛发红，咽喉疼痛，头痛头昏，1955 年有 400 多位老人因呼吸衰竭而死亡，1970 年有 75% 的市民患上红眼病。导致此事件的元凶，是工业和汽车排放的废气。当时的洛杉矶已有 250 万辆车，每日消耗 1100 吨汽油，燃烧后排出 1000 多吨碳氢化合物，300 多吨氮氧化合物，700 多吨一氧化碳。当大气湿度较低，气温在 24℃—32℃时，在强太阳光的紫外线照射下，排放物通过光化学合成会生成臭氧、醛、酮、醇、酸等许多有害身体的污染物。这种光化学烟雾是工业发达、汽车拥挤的大城市的常见污染。世界上每年有300万人死于汽车及工业污染。上海市排放大量汽车尾气，造成大气颗粒物中硝酸盐含量为全国最高。

世博会中的新能源汽车（新日公司）

如今中国已经十分重视汽车的尾气危害，生产了新能源汽车。为世博会提供服务的450辆四轮电动车和两轮电动车每天穿梭于世博园区内，粗略计算，这一举措已为世博会期间累计减排近600吨二氧化碳，相当于在园区内种植了万余棵40年以上的参天大树。

燃烧煤和石油造成的污染，不仅是上述的煤烟污染和光化学污染，它还是近年来气候反常的罪魁祸首，如极地冰川融化、海平面升高及洪涝灾害。1997年12月，全世界160多个国家的代表在日本京都参加气候变化框架公约会议，通过"京都议定书"，约束各国温室气体排放。但最根本的还是减少化石能源的使用，提高绿色能源在能源消费中的比例。积极发展可再生能源，是能源发展的根本之策。而风能是最值得优先考虑的绿色能源。

缺乏煤炭资源的丹麦，1891年建成第一个风力发电站。2001年后，各国风电场容量迅速扩大，所生产的电甚至比煤电、核电更便宜。在世界上1/4无电力地区，出现风电—柴油发电互补系统及小风力发电机。近几十年，煤、石油、天然气价格不断上涨，而风力发电成本降低了近50％。风电不存在燃料和运输问题，无辐射、无污染，价格可保持长期稳定。

2003年8月，美国东海岸，包括部分加拿大地区，24000平方千米范围突然停电，全世界最富有、生活中最依赖现代科技的5000万人突然没了电，天气炎热，水缺乏，没有空调，红绿灯熄灭，地铁停运，空中指挥中断。地下旅客很难疏散到地面，大批人无法返回家中，只好夜宿公园或街头。停电是能源公司的一条高压线被树枝钩住，接地短路而造成。大停电是未来人们可能面临的情况。

1970年日本一作家写了一本小说《油断》，描写石油和煤炭用完而新能源又没有开发的社会情况：大批汽车、轻轨、高铁、飞机全部停运，工厂停电、停气，水龙头停水，无法烧饭烧菜，各种文化娱乐也停止。必然的结果是：城市人回农村去求糊口活命。能源匮乏的结果将使人类社会的工业文明和信息文明毁于一旦，重又倒退到农业时代。

人类不能容忍由于能源匮乏而退回到农业社会，唯一的出路是开发新能源，应在化石能源用完之前，开发出太阳能、风能、地热能、生物质能等新能源，事实证明这是可能的。

山西广灵县：利用可再生能源，2011年已满足所需全部电量，为"零碳"示范县，其中：

风能总装机容量600兆瓦，相当于45万吨煤；

太阳能300兆瓦，相当于27.6万吨煤；

生物质能4.8万千瓦，相当于8.5万吨煤。

丹麦萨姆索岛：岛上到处可见风车，满足4000多居民的电力需求，为"零碳"示范岛。

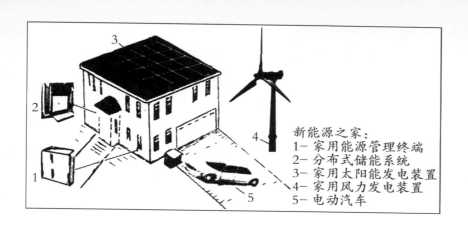

新能源之家：
1- 家用能源管理终端
2- 分布式储能系统
3- 家用太阳能发电装置
4- 家用风力发电装置
5- 电动汽车

二 我国的风能资源——世界"风库"在中国

我国是风力资源丰富的国家，风能储备在世界上排名第一。陆上可用风能有 2.5 亿千瓦，海上风能则有 7.5 亿千瓦。我国陆疆总长 2 万千米，海岸线长 18000 千米，岛屿 5000 多个。

风能丰富区：指一年内风速达到 3 米/秒的时间超过半年、6 米/秒超过 2200 小时的地区，包括西北的克拉玛依、甘肃敦煌、内蒙古二连浩特、松花江下游区，东南沿海的大连、威海、嵊泗、舟山、平潭等地。这些地区有效风能密度为 200—300 瓦/平方米。福建台山风能密度达到 530 瓦/平方米。东南沿海风能区大多集中在海岛及沿海地带。

风能较丰富区：指一年内风速大于 3 米/秒的时间超过 4000 小时，6 米/秒的时间大于 1500 小时，有效风能密度为 150—200 瓦/平方米的地区。包括西藏班戈地区、唐古拉山，西北奇台、塔城，华北集宁、锡林浩特，东北牡丹江、营口和天津塘沽，山东烟台、莱州湾，浙江温州等地。

我国风能资源的评估工作仍在进行，据称，我国 1 吉瓦大型风能可开发区有 12 个。国家气象局 2010 年公布，我国陆上离地面 50 米高、达 3 级以上风能资源达到近 24 亿千瓦，它们主要集中在内蒙古、新疆哈密、甘肃酒泉、河北省张家口坝上地区、吉林西部及江苏近海等千万千瓦级风电基地。这些地区陆上 50 米高度潜在风能开发量达 18.5 亿千瓦。

风能丰富区多出现在"三北"（西北、东北、华北）地区及东南沿海地区，其源于冬季来自西伯利亚和蒙古的多次寒潮、终年的西风带控制及夏秋两季来自太平洋和印度洋的东南季风和西南季风。我国季风及地形造就了下列几个大的风电场：

投资 1200 亿元的甘肃酒泉千万千瓦级风电基地的奠基石。

1. 甘肃酒泉瓜州县。地处茫茫戈壁，因风能丰富被称为"世界风库"。它所处之地，祁连山和马鬃山两山夹一谷，形成了一条东西大风通道。如今，在瓜州人的努力下，昔日"一年一场风，从春刮到冬"的风害，正被源源不断地转化为电能。瓜州的"风库"成了绿色"金

世界风库——甘肃省酒泉市瓜州县风电场（黄力平摄）

库",河西走廊有"陆上三峡"之称。

2. 松花江下游区。处于峡谷中,北有小兴安岭,南有长白山,为一喇叭口。春秋季节有大风,风速≥3米/秒的时间有5000小时。

3. 位于准噶尔盆地及吐鲁番盆地通风口的新疆达坂城。有亚洲最大风电场之称。

4. 广东南澳岛。位于台湾海峡喇叭口,有"风岛"之称。

5. 河北张家口市张北县坝上地区。位于蒙古高原的东南侧,蒙古高原冷空气进入华北平原的气流通道,风能资源可开发量达700万千瓦。正在打造"空中三峡",是国家"风、光、储"示范项目基地。

坝上旅游看草原

打造"空中三峡"

纬纶风电学校

6. 广东台山川岛风电场。位于台山市川山群岛中的上川岛、下川岛,四季受亚热带海洋性季风气候影响,是广东省风能资源较丰富的岛屿之一。

台山风电站

7. 福建平潭岛。位于福建省东部海域，是中国第五大岛。它东临台湾海峡，与台湾新竹相距 68 海里，是祖国大陆与台湾岛距离最近处。一年四季的季候风，在岛屿之间形成强烈的"弄堂风"，吹到平潭岛上。全年 4 级以上风有 280 多天，年平均风速达 8.4 米/秒，风速最大的君山达 13.9 米/秒。风能密度达 2678 瓦/平方米，全县平均大于 5米/秒的年有效风速时间近 6500 小时，为目前中国之最。国内外专家公认平潭县是世界上少有的风力资源最佳区，其被国家科委列为新能源试验岛，现装机容量 150 万千瓦。

平潭风力发电试验站

平潭的花岗岩"石帆"

平潭有全国最大的花岗岩海蚀石，由两块帆型擎天巨石组成，二石一高一低，低者 10 余米，高者达 30 米，托起"石帆"的整个石岛，酷似帆船。

8. 江苏大丰市。由于近海优势，其对海上风电投入大力量。全省风电产业关联企业已达 150 余家，包括：（1）海上出口风机（1.5 兆—6 兆瓦）基地；（2）海上风电技术研究院；（3）国家风力发电工程技术研究中心（海上分中心）；（4）兆瓦级风力设备国家级检测中心。大丰市已成为风电装备研制、风电海上工程、风电人才培训及综合服务等的四大基地。

此外南海的南沙群岛，一年内刮 6 级大风有 160 天，像这样的地方还有许多，等待人们去开发，特别是岛屿，不需电缆的风电最能发挥作用。

三 风力发电有什么优势和缺点？
风能是否将成为新能源的主角？

风能的优缺点概括起来为四大优点、三大缺点，优点为藏量巨大、可以再生、分布广泛、没有污染，而缺点为密度低、不稳定、地区差异大。

优点：1. 成本较低，接近煤电（下图），比太阳能便宜九成多。风电不需要水，火电及核电需大量水，采煤还易造成人身伤亡。专家预测，本世纪风电成本可下降 40%，而火电及核电成本下降空间几乎没有。2. 和其他能源相比，风力发电对环境的影响最小，无燃料问题、辐射和空气污染。3. 工程建设周期短，从投产到发电仅需一年左右。4. 资源丰富，

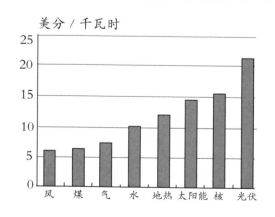

各种能源发电估计成本

是永久性的本地资源，能长期稳定供应，运输成本低，占用土地面积小。5. 人力资源要求简单，有的风力机可持续工作数十年，只需少量维护及监控。6. 风能设备破损时，不会像核电或水库那样造成巨大灾难。7. 风能无处不在，为清洁高效能源，每兆瓦风电入网可节约 3.73 吨煤，减少粉尘 0.498 吨、二氧化碳 9.35 吨、二氧化氮 0.05 吨、二氧化硫 0.08 吨，对减排有大贡献。8. 发展风能可提供大量就业岗位，例如丹麦、德国、西班牙等国提供数十万个工作岗位，我国则更多。

专家们认为，从技术成熟度及经济可行性看，风能最具竞争力，新能源产业的发展要看风能，风能将成为新能源的主角。未来将是以风电为主、其他能源为辅的时代。

你知道吗

1986 年 4 月 26 日以前，乌克兰切尔诺贝利是一座集人类智慧和文明为一体的精品城市。就在那一天，技术人员对切尔诺贝利核电站反应堆进行电力供应测试，反应堆突然爆炸，上千吨放射性物质掀到空中，在空中进行二次爆炸，形成放射性烟尘，向欧洲地区蔓延，事故造成 31 名工作人员死亡，乌克兰和白俄罗斯成千上万人寿命缩短。世界卫生组织说死亡人数有 4000 人，绿色和平组织说是 20 万人。城内居民全部迁出，有的放射性粉尘半衰期达数百年，从此切尔诺贝利成为人类永久性禁区。可是数十年后，在那片方圆 800 千米的土地，植物疯长且更鲜艳有生机，而大量动物熊、狐狸、狼、狮子、兔、野猪等成为那个城市的新居民。

2008年8月北京奥运会青岛帆船赛基地有41个路灯，它们是"环保奥运，绿色奥运"的节能照明装置，利用风能及太阳能进行风光互补的户外照明。两者结合，风机成本为太阳能电池组件的1/5；两者互补，可以构成独立电源，有阳光时用太阳能，有风时用风能，二者均无时，用蓄电池能源运转。风光互补系统不需挖沟、埋电缆及安装变电站设备，不用市电，安装任意，维护费用低，低压，无触电危险，可照明、家用，提供工厂及大厦的独立电源。欧美国家一些住宅屋顶安装风光

风光互补景观灯（黄力平摄）

互补发电系统，加上屋顶上有太阳能板，完全解决生活用电，不用付电费，这已是美国许多家庭的能源消费方式。可在高速公路沿线利用风电和太阳能设置路灯。

"天苍苍，野茫茫，风吹草低见牛羊"，提到内蒙古，人们首先就会想起一望无际的大草原。近年来，内蒙古在开发新能源方面作出极大贡献，1986年开始利用扶植政策，进行新能源开发，和荷兰、美国、意大利、西班牙等国签订有关风能及风光互补协议，开展"牧区通电"及"光明工程"。100瓦风电加60瓦太阳能电池，日发电0.6千瓦时，可解决1户牧民家庭照明及电视用电；300瓦风电加200瓦太阳能电池，日发电1.6千瓦时，可解决1户牧民家庭照明、电视及冰箱用电。风能及太阳能季节互补，可满足全年均衡供电，既经济又可靠，已解决了70万牧民生活及部分工业用电，如今牧民不见火烟就可烧水做饭。

内蒙古草原上的风力发电场

　　风能优点颇多，但也存在缺点：能量密度低，不稳定，地区差异大，初始成本较高，风电场引发鸟类迁徙问题，不能设置于近居民区。

　　密度低是风能一大缺点。空气流动形成风能，空气密度很小，因此风能密度低。从下表可看出，在几种能源中，风能的含能量是极低的，利用有一定困难。

能源类别	风能	水能	波浪能	潮汐能	太阳能	
	3 米/秒	流速 3 米/秒	波高 2 米	潮差 10 米	晴天	昼夜平均
能源密度 （千瓦/平方米）	0.02	20	30	100	1.0	0.16

由于气流瞬息万变，因此风的日变化、季变化及年际变化均十分明显，并且风能地区差异大，一个邻近的区域有利地形的风力，可以是不利地形处的几倍或几十倍。例如福建平潭地区风能密度达到2678 瓦/平方米，而一般地区仅 150—250 瓦/平方米，可以相差 10 倍。因此风电场位置的选择十分重要。我国气象部门在全国设立了许多测风点，绘制出详细的风功率分布图，提供选址的依据。

风力发电机的噪声有时会影响人的睡眠，电波有时会引起电视图像的震颤及对无线通信造成干扰。

风电场对生态系统有影响，例如蝙蝠在迁移路线上受撞击致死，影响候鸟迁移等。美国加利福尼亚州 2005 年关闭了 4000 台风机，因为每年都有数千只飞鸟（包括金雕等珍稀鸟类）被强大气流卷入风轮而惨死。

有人担心风力发电会影响海洋生态平衡。英国大力发展海上风电，2009 年 12 月英国有 41 头海豹横尸北诺福克海滩，身上遍布螺旋状创伤，明显为机器所为，疑与 Sevia 公司在海上建风电场有关。鲸鱼靠听觉在海洋中生存，风机

风机叶片可能影响飞鸟的安全

噪音会造成干扰，使它们断粮。此外还会影响渔民捕鱼及水鸟生存。因此风电场的选址必须考虑上述因素。

你知道吗

据 2012 年 5 月 18 日某报道称，法国开发出了一种可以生产淡水的风力发电机，让风力发电机身兼发电和产水二职，其称为风力涡轮发电机。原理是吸进去的空气被输送到压缩机中（压缩机利用风作为能源），空气中的水汽压缩后冷凝成水，流入储水罐，经简单过滤除尘就可饮用。在阿联酋已建有一台试验装置，每天可生成 62 升水。倘把一座中型风电场中的几千台风机都进行改装，就可以为数万人提供淡水，还可直接用于灌溉、绿化戈壁和沙漠地区。所以，有空气就能"造出"水来。

有了新能源取代石油和煤炭，人类社会将会怎样呢？让我们想象一下未来社会的美好远景：

有了新能源，人们会大力发展海水淡化事业，使优质水资源的缺乏成为历史。当有了用不完的淡水后，消灭沙漠、绿化沙漠成为可能，占地球上 1/4 面积的沙漠和荒漠就有可能被改造为绿洲。空间开发、海洋开发、地下城市开发都将进入日程，地球村被我们建设成美丽的大花园——人间天堂。总之，有了新能源，人类和自然将会和谐相处。

第二章
风是怎样发电的

近年来我国自主研发的磁悬浮风力发电机可做到"轻风启动，微风发电"，噪音很小，应用范围很快扩展。到处出现的风能及光能互补的路灯，是近年来风能应用的美丽风景线。

通过风能产生的大量风电如何进入电网？不解决这一问题，产生的风电就会白白浪费，上海市相关部门花费了大力气解决它。本章还侧重讨论了储能用钠流电池对风电进网的关键作用。

第一节　风力发电的特点及原理

风力发电的关键设备是风力发电机，也叫风轮机，其原理就像电风扇，不过反其道而行之：电扇通电后，电动机转动风扇的叶片生成人造风，而风力发电是风吹动叶片，使其转动而使发电机发电。现代使用的风力发电机可大致分为两类：水平轴风力发电机，风轮转轴与地面平行，像风扇一样；垂直轴风力发电机，风轮转轴与地面垂直。垂直轴风力发电机可以利用任何方向的来风，不需对风装置，结构简单。

目前大型风机多属于水平轴

水平轴风力发电机

风机。

下面以水平轴风力机为例，介绍其结构原理。

水平轴风力机由转子中心、机舱、转子叶片、塔架等构成。通过叶片，将风能转换成转子中心转轴的动能，经变速箱提高转速，带动发电机发电。发动机舱里还有电子控制装置，用于探测风向并控制转子，使其达到风能最大的方向。为了避免电力超载等故障，还安装有制动装置。塔架用以支撑风力机各部件，其高度根据当地风力而确定，高度愈高则风速愈大，功率也愈大，因为功率与风速的立方成正比。叶桨增长则具有更大的捕捉风能的能力。

垂直轴风力发电机

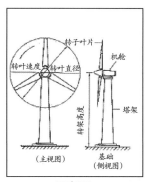

示意图

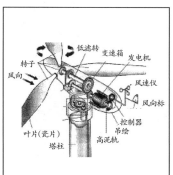

剖面图

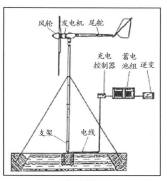

电路图

水平轴风力发电机

经过近40年的发展，我国已经制造出各式各样的风力发电机。下面列出各种型号的风力发电机：

扩散型风力机

带有平行转子叶片的风力涡轮

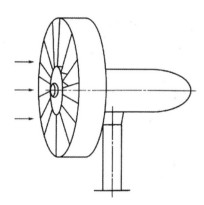

涡轮式风力机

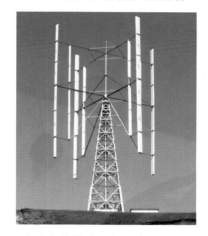

多叶片旋翼式风机（黄力平摄）

风杯式风机

装在大厦顶上的风机

五叶片低风速风力发电机，风速小于 2 米/秒启动。

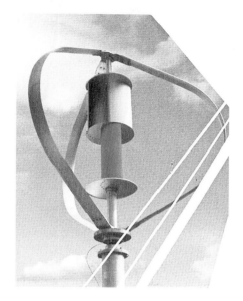

螺旋型垂直轴风机

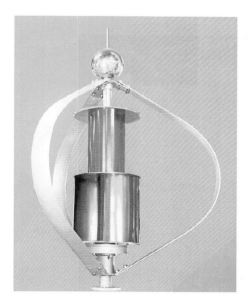

磁悬浮风力发电机

太阳能动力风力发电机。在发电机的叶片上安装了太阳能板，利用太阳能驱动叶片转动。

多转子风机

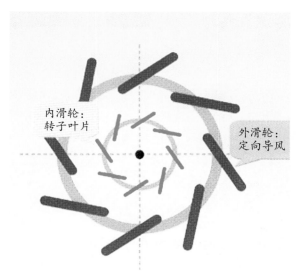

内滑轮：
转子叶片

外滑轮：
定向导风

　　双涡轮、垂直轴风力发电机。内含定向导风罩，可在微风下（1米/秒）启动。（鸿金达能源公司）

　　无阻尼风车。利用磁悬浮原理，减少摩擦
阻力，使风能利用率提高40%。

　　有两个螺旋桨，一前一后，螺旋桨外面有集风套包裹，也是一前一后。后面的套管在第二个螺旋桨的后面形成低压区，增强了叶片受力，旋转速度增加，风能利用率高达 60%，原来传统的为 30%。

带有观察台的风力发电机

北海的海上风力发电机

在位置偏僻、居民分散的地区，如山区、牧区、海岛等地，电网延伸不到，发展风能发电是解决当地人民照明、生活用电及部分生产用电的有效途径。风力发电通常有三种运行方式：一是独立运行方式，一台小型风力发电机向一户或几户提供电力，它用蓄电池蓄能，以保证无风时用电。我国离网小型风力发电机组的保有量、年产量、生产能力均居世界首位；二是风力发电与其他发电方式（如柴油机发电）相结合，向一个村庄或一个单位或海岛供电；三是风力发电并入常规电网运行，向大电网提供电力。常常是一处风电场安装几十台或几百台甚至几千台风力发电机，这是风力发电的主要发展方向。海上风能资源丰富，且受环境影响小，海上风力发电已成为风力发电的重要方向。

第二节　风力发电机的新发展

近年来风力发电机的功率、尺寸、塔高的变化见下表，可见大功率化为发展趋势。

年份	额定功率(kW)	风轮直径(m)	轮毂高度(m)	年发电量(MW·h)
1980	30	15	30	35
1985	80	20	40	95
1990	250	30	50	400
1995	600	46	78	1250
2000	1500	70	100	3500
2005	5000	115	90	17000

风力发电机可以进行改进吗？聪明的人们想了许多方法来改进性能，例如：

1. 直接驱动型风机。过去风机的叶轮和发电机之间有增速齿轮传动装置，这种齿轮在转动时发出强噪音，且重量大。有人开发了多极低转速发电机，它可以和风轮直接连接、直接驱动，从而降低噪音，且提高了效率。

2. 增能型风力机。可用于微风时，起始发电可提前。

3. 导管风扇风力机。无噪音、无振动，可安装在房顶上。

4. 新式垂直轴风机。有上、中、下三层叶片交错组合，使截留风面积增加 200％，发电功率也提高 400％。

5. 浓缩型风机。安装叶轮，使进入风机的气流速度增大 1.37 倍，而使风能增加 2.6 倍。

6. 磁悬浮风力机。中科恒源公司创造发明，成果入选"世界十大绿色发明"。普通风力发电机在风力较小时无法运转，主要因为发电机轴承间摩擦阻力过大。磁悬浮风力发电机转动时如磁悬浮列车那样，无固体接触，因而无噪音、无抖动，寿命长，风向变动也无妨，启动风速从通常的 2.5 米/秒降为 1.5 米/秒，做到"轻风启动，微风发电"。能吹动烟稍斜的轻风（1.5—1.6 米/秒）春夏秋冬四季常见，因此磁悬浮风力机扩大了可利用风的空间。在星罗棋布的高速公路上，安装这类发电机，就可利用汽车驶过的气流发电，路灯照明就可自给自足，故此类发电机问世不到一年就实现产业化，并出口国外。

7. 风光储发电系统。即在风力发电和光伏发电互补的基础上，加入储能装置及智能控制和调度系统，从而构成风光储发电系统，它有利于电能的存贮和释放，改进功率输出性能——间歇性及波动性。我国已在张家口建立示范工程，今后可能用储能发电站代替今天的加油站，用电不用油，完全为零排放。

利用风光互补的路灯，可在夜间照明 10 小时。风电不需铺设电缆，对我国 7 千万人口的无电区域非常有用，上海及深圳均已制成。

以电代油。公交车充放电站，插入插座来充电，代替加油站

8. 巨大能量的风力发电机。如人造龙卷风发电和太阳能塔热气流发电（其小型装置曾在上海风能展馆中出现），它们可以产生数百乃至数千兆瓦的风电（1兆瓦可供1000个家庭用电），现已有多个国

上海风电科普馆的户外风机组群

家（美国、西班牙、德国、中国、南非、以色列、澳大利亚）投入试建。澳大利亚 Environ Mission 能源公司将在美国亚利桑纳州西部的沙漠中，建立太阳能塔热气流发电站：烟囱高约 800 米，利用巨塔产生热气流，驱动塔内的 36 台风力涡轮发电机发电，不用燃料，不排放温室气体，不用水，可为 20 万户家庭供电。我国也成功试制了人造龙卷风发电装置。

2011 年 4 月 8 日至 10 日于上海举行的国际风能及海上风能设备展览会中，178 家企业参展，展示了最新风力发电机。2012 年 4 月 26 日至 28 日再次举行国际风能及海上风能设备展览会，有 400 家企业参展。过去风机存在的缺点如尺寸过大、价格高、噪音大、遇大风易损坏、对雷达信号产生干扰等，均已得到改进。整机生产厂家已达 70 多家，超过全球风电设备厂总数。上海东海之滨的滨海森林公园内，有一处宣传"风与风能"的科普教育基地——上海风电科普馆。四个馆区分别是"能源的警示""风与风能""风力发电""风电和我们"，让参观者充分认识到发展风电的必要性及保护地球资源及环境的重要性。

第三节　风电应用方式和联网

一　风电应用的主要方式

1. 风力独立供电：风力发电机输出的电能经过蓄电池向负荷供电。一般微小型风力发电机多采用这种方式。

2. 风能—内燃机混合系统：风力发电机和柴油发电机组合在一个系统内向负荷供电。在电网覆盖不到的地区，该系统可以提供稳定可靠和持续的电能，两者结合后内燃机可以间歇性地启动，从而减少内燃机的燃料消耗，燃油可减少 50%—80%。目前世界各地已有很多风能—内燃机混合系统在运行。

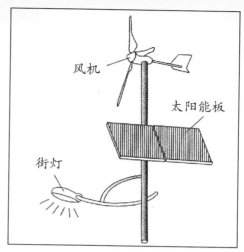

3. 风能—太阳能混合系统：把风力发电机和太阳能电池组成一个联合供电系统，是一种能量互补的供电方式。在一天内，白天太阳光强，日落后因地面温差大，风力变大，因此白天以太阳能为主，而夜晚则以风能为主，这两者互补作用，在许多地域较为明显。互补后的能源价格常比单独的风能或太阳能更为便宜，且互补后增加了供电的可靠性。我国在这方面进行了大量研究，在河北张北地区建立了世界上最大的风光测试基地，方向包含风能、光伏能及能量储藏，开发规模为风电 300 兆瓦、太阳能 100 兆瓦、储藏的化学能 75 兆瓦。

4. 风能—水能混合系统：水力发电是将水的势能转化为电能，也可利用风电进行补充。风电在冬天及春天大，在夏天及秋天则小，而水电在冬春小，夏秋则大，因此风电和水电互补可提供更多绿色能源。

5. 风能—氢电混合系统：氢为能量载体，它可通过多种来源获取，例如水、化石燃料及生物质。氢为高能量密度的燃料，它可以存贮、运输，利用燃料电池可转化为电。已经证明好几种可再生能源，如风能、太阳能等，可以和氢发生系统的电解作用，形成氢燃料。在英国某建筑大楼应用氢微电网工程，风力发电机产生电能，供应给大厦，多余的电通过高压碱性电解装置来产生氢气。

6. 风力并网供电：风力发电机的电能与电网连接、向电网输出电能的运行方式，它通常为中大型风力发电机所采用。

二　风电场的电如何接入电网及智能电网的建立

在风电场中，许多个风力发电机集中安装、均匀分布，由控制中心集中管理，生产的电力直接通过电网输送。风电场的电如何接入电网呢？

风电场集中并网（黄力平摄）

由于风力机的转速随外来风速变化而变化，风力机又频繁启动和停止，因此引起电能功率的变化及电网频率和电压的波动。

为防止风电对电网的冲击，风电场的装机功率容量占所接入电网的能量比例不宜超过 5%—10%，这是限制风电场大型化发展的重要制约因素。人们常用"车多路少"来形容中国风电快速发展面临的窘境。目前电网设备老化，使大量风电未能并网，有时造成放弃风能即"弃风现象"，例如曾经有过半年内弃风达 27.8 亿度电的例子。电是一种特殊产品，生产出来必须马上输送出去，生产、流通、消费几乎是同时的，如果电网建设没有跟上，发出的电送不出去，就会产生"窝电"现象。只有发展智能电网的配套建设，使电网接受风能的能力增加后，才能使风能顺利上网。风能具有间歇性发电的特点，故要求电网必须有相应的容纳能力，而电网对上网风电的质量也有高要求，因此技术上、管理上就有许多课题要研究解决。

为了解决我国大量可再生能源如风能及太阳能的上网，国家已把发展智能电网确定为中国未来十年发展的主要方向，从 2009 年到 2020 年，分三个阶段，总投资 4 万亿元，主要依靠信息、控制和储能等先进技术，推进坚强智能电网的建设。

你知道吗

什么是坚强智能电网？它和一般电网不同，具有信息化、数字化、自动化、互动化的特点，它使线路的输送能力提高，有抵御各类严重故障及外力破坏的能力，满足各用户将能源便捷地接入或退出的需要，使电源、电网和用户协调运行。

上海发展智能电网等新兴产业已走在前面。2010 年 7 月，上海市政府与国家电网公司在沪正式签署《智能电网建设战略合作协议》。上海电气集团公司、上海市电力公司和中科院上海硅酸盐研究所共同签署了《关于推进钠硫电池产业化的合作意向书》。市委书记俞正声，市长韩正，国家电网公司党组书记、总经理刘振亚在协议上签字。市长韩正说："建设坚强智能电网，是加快转变

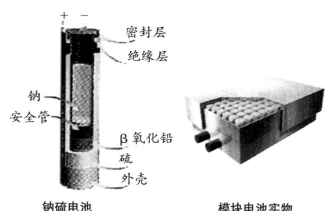

钠硫电池　　　　　　模块电池实物

经济发展方式的必然选择，是实施国家能源战略的重要举措。"上海将努力成为智能电网功能应用示范基地、关键技术研发基地和主要装备制造基地。上海已经将发展智能电网作为高新技术产业化的重要方面，对智能电网应用、研发和产业化给予全面支持。上海将全力配合国家电网公司开展建设坚强智能电网的各项工作，依托中国科学院的科技支撑作用，推动上海智能电网在关键技术研发和产业化方面实现突破。未来几年，上海将力争培育3－5家智能电网行业龙头企业，形成智能电网产业集群，产业规模达到500亿元左右。没有智能电网及相应配套的储能系统，风力发电基本上不能实现并网，且无法正常运转。

单体电池

批量化单体电池（电网用）

模块

储能电站

　　储能系统在智能电网中起发电与输配电、输配电与用电之间的"耦合器"、"平衡器"和"缓冲器"的作用。人们日常手电筒中用的电池是最小的储能器，而钠硫电池则是大容量的储能器，作用就好比银行——人们在银行中储蓄存款，需用时就取出存款。大量的风能可以向储能电池储进或取出，钠硫电池是大容量电池中的佼佼者，最有潜力胜任智能电网中的储能器，好比城市电网中的"超级银行"。储能电池可用于风能的储存或释放，使不稳定的能源变得稳定，储能器能够增加电网对风能的吸收和接纳，对电网的负荷进行调整，起到"削峰"和"填谷"的作用，提高电网运行的稳定性，减少风能对电网的冲击。其还可以平衡夜晚和白天的用电；解决发生故障时的应急；使间歇性的可再生能源发电平稳地输入电网，配备的储能系统能在关键的用电高峰消减电网压力，调节电网的峰谷平衡。上海硅酸盐研究所在大容量储能用的钠硫电池上进行了大量研究工作。

早在 2006 年，国家电网公司将"钠硫电池研制项目"列为"十一五"重点项目，上海电力公司和上海硅酸盐研究所合作开发此项目，2007 年制成 650 安培 1 小时的单体钠硫电池。我国成为继日本之后，世界上第二个掌握该项核心技术的国家。钠硫电池项目经 563 位两院院士评选，获 2009 年中国十大科技进步奖。

中国科学院上海硅酸盐研究所钠硫电池试验室一角

崇明诸岛（崇明岛、长兴岛、横沙岛及九段沙）是上海的"绿肺"，岛上有太阳能电站、青草沙水库向上海供电供水。崇明岛及九段沙均有风力发电站，它们对上海的空气、水、能源贡献巨大。人们称它为"能量之岛"。九段沙每年长大、扩展 400 米，位于东亚季风盛行区，夏季偏南风，冬季偏北风，全年平均风速 3.7—4 米/秒，风力发电装机容量正在迅速扩展中。崇明岛拥有风能、太阳能、生物质能、地热能和潮汐能 5 种可再生能源，加上规划中的智能网示范工程，到 2020 年有望实现"零碳输入"，成为世界级"绿色生态岛"。2011 年启东—上海又建成大桥，游人大量涌入，应防止其破坏生态。

崇明东滩湿地保护区一排 1.5 兆瓦的涡轮风机

第三章
风能的应用

本章介绍了风能早期的应用，如风车、风力提水、风帆；扼要列举风能近代的应用发展，如装在房屋顶上或墙壁上的小型家用风力发电机；还介绍了几个大型风能应用实例，如风筝发电、大烟囱造风发电，它可以解决一个城市几十万户家庭的用电；还有两个知识青年十年苦干，利用人造龙卷风发电，取得了成绩；波斯湾沿岸小国巴林利用穿堂风的原理，在两个高达 240 米的大厦之间，架起 3 个塔桥，在塔桥上装上 3 个巨型风力发电机，那里既高，风又大，产生的电力可供大厦 300 个家庭用电。这些例子说明：发展风电应用有很大的作用。

第一节　风能早期的应用

一　农业：精选谷物及风车提水

我国以农立国，古人早就对风的利用有了认识。在收获谷物过程中，不同的谷物和壳皮在同样风力作用下可以被风吹到远近不同的距离，这就为利用风力对谷物进行精选提供了可能。早在汉代就已开始利用这类分选方法。谷物脱粒之后，由于粮食和糠壳混在一起，可采用"扬场"法，把它们的混合物抛向天空，借用风力使之分开，比重大的粮食落在场地上，而轻的糠壳就被风吹到远处，

精选谷物用的风车

做到取精去粗。也有使用人造风进行精选，如图中风车装有手柄，手柄轴上装有类似风扇的叶片，当转动手柄时会生风，粮食等从上部漏斗装入，在落下过程中，遇到人造风，会使壳皮等轻的杂物吹去，比重大的粮食掉入承接的容器中，而达到分选目的。

人们在儿童时代都买过玩具风车或做过玩具风车，特别在春节时，大街上有卖玩具风车，它们迎风转动，十分有趣，儿童都喜欢。

公元前 2 世纪波斯人就用垂直轴风车碾米。风车 11 世纪在中东已广泛应用，13 世纪传入欧洲，到 14 世纪已经成为不可缺少的机械装置。

在我国，宋代为应用风车的全盛时期，当时流行垂直轴风车，有 6—8 个像帆一样的布篷，分布于一根垂直轴的四周，风吹动后，风车就像走马灯一样转动。后来这种风车逐步为具有水平转轴的木质布篷风车取代，如立式风车或自动旋翼风车（见下图）。

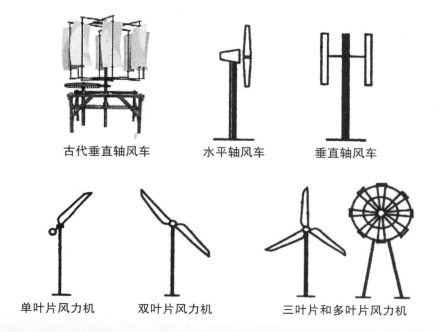

古代垂直轴风车　　　水平轴风车　　　垂直轴风车

单叶片风力机　　双叶片风力机　　三叶片和多叶片风力机

明代徐光启记载用风轮提水灌田。明代宋应星的《天工开物》中也曾记载"俟风转车，风息则止"，扬州等地"以风帆数扇"，驱动翻车，"去泽水以便耕种"。古时中国沿海地区用风力提水灌溉，持续到20世纪50年代，江苏沿海风力提水机仍有20万台。明代童冀的"水车行"中写道："零陵水车风作轮，缘江夜响盘空云，轮盘团团径三丈，水声却在风轮上。轮盘引水入沟去，分送高田种禾黍，盘盘自转不用人，年年只用修车轮。"这首诗表明风轮直径有三丈，为立轴式风车，它能把风的直线运动转变为风轮转动。那时的风车有多列帐篷，分布于垂直轴的四周，风吹时就会绕轴转动，即走马灯式风车。但它效率较低，后被立式风车代替。立式风车诞生于宋代，是用风力驱动使轮轴旋转的机械装置，旋转轴可以带动水车，它不受风向的变化影响，风轮总是朝一个方向旋转，比水平风车方便。清代周庆所著的《盐法通志》有记载："车帆高二丈余，径二丈六尺，上安布帆八叶，以受八风，中安木轴，附设平行齿轮，帆动轴转，激动平齿轮，与水车之立齿轮相搏，则水车腹页旋转引水而上。"

风车是把风能转化为机械能，作为动力替代人力和畜力，或带动发电机发电。风吹到桨叶片上形成动力，驱动风轮转动，再经传动装置带动机械运动，它可用于磨面、碾米、抽水灌溉、排水、加工木材、粉碎饲料等。把风能变成机械能的装置是风力发动机，简称风力机，其主要部件是接受风力作用而旋转的风轮。风力机根据风轮结构及在气流中的位置分为两类，即水平轴风力机和垂直轴风力机，其中前者应用远超过后者。风力机在欧洲曾经为必不可少的机器，蒸汽机出现后，它逐步被取代。最著名的风车国荷兰目前还保留有几百台风车，成为那里一道美丽的风景线。

荷兰位于大西洋沿岸，一年四季刮西风，为风车运行创造了条件。1229年荷兰出现第一台风车，用于磨面粉，至16—17世纪开始用于加工木材。在港口鹿特丹近郊，有许多应用风车的磨坊、锯木厂、造纸厂。荷兰风车数量达到12000台，它们用于碾谷物、榨油、压滚毛毯及造纸，为荷兰提供了大量动力资源。风车在提水功能方面

荷兰的风车

也起了极大作用。荷兰在围海造田方面的技术世界有名，那里的风车把洼地积水抽往沟渠，然后经过运河排向大海，使荷兰免受海潮侵袭。

13世纪到19世纪中叶，传统风车在我国东南沿海已广泛使用，20世纪50年代我国已开始研制风力提水机，60年代投入小批生产，到80年代已出现两种风力提水机——低扬程、大流量提水机及高扬程、小流量提水机。现今已有多种型号数千台在东南沿海用于养殖、制盐，在河北、吉林等地用于农田灌溉及人畜用水。福建莆田采用风力提水机用于制盐，天津郊区用于排水。此外，甘肃、青海牧区因人口分散，难通电网，用风力机为人畜饮水及小面积灌溉提供服务。世界上的畜牧国家以饲草种植为重要的产业，发展饲草基地及人工草场是草原畜牧业提高抗自然灾害能力的重要措施，它使用风能的提水机，既节约能源又保护环境。黄淮河平原的盐碱改造工程可大规模使用风力提水机来改良土壤。

风力提水机的原理：风轮在风力推动下产生动力，经传动系统带动水泵，当泵的转速达到一定的值后，就把水从河道或渠道中提升至农田、盐池、养殖塘及贮水池内。通常风轮直径小于6米，扬程20—100米，流量0.5—5立方米/秒（见下图）。

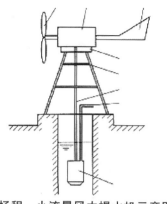

1-风轮

2-机头传动箱

3-风翼

4-机座及回转体

5-塔架

6-拉杆

7-出水管

8-水泵

高扬程、小流量风力提水机示意图

在传统风力提水机基础上，人们又研制出风力发电提水机组，它可在有效风速内发电，由控制器调节电泵工作状态，直接驱动电泵提水。利用风能提水，比风力发电机容易实现，因为风力提水是利用天然风资源完成提水作业，机械结构简单，成本低，操纵及维护方便，它是通过风机的叶片和空气压缩机将风能直接转换成提水的动力。它的建立条件不像建大风力发电厂，对年平均风速有严格要求，而是在有风时即可提水，无风时停机，可以零存整取，产生良好效益。例如山东省长清县万德镇，620户居民近两千人安装13台风力提水机，

山东日照市岚山区黄墩镇
草涧水库的风力提水工程

使470万平方米土地从过去的旱年时连种子成本都收不回的薄地，变成旱涝保收的水浇田。该机器只要3级风就可使用，水扬程达30—60米，每座风力机每天可将100立方米水压入建在高处的蓄水池内进行灌溉，无风时打开水池阀门同样可自流灌溉。位于吉林西部草原区的白城市利用风能提水灌溉，使草原

恢复了生机。吉林松嫩平原目前沙化、盐碱化的现象十分严重，采用提水灌溉的结果表明，经济效益可观。吉林省某绿化公司在白城市承包 80 公顷草场，打 10 眼井，安装了 17 台提水设备，经过一年的灌溉，年初寸草不生的盐碱地的植被覆盖度已达 85％，产草 20 万千克。风力发电和贮水池的配合使用，对农业灌溉起很大作用。总之，风力提水的发展有很大的市场潜力，特别在农业方面。

风力提水灌溉农田

对于一些水源不足或枯水期较长的水电站，利用风力提水最为合适。风力使风机不停地旋转，将水电站下游的水不停地打回水库，从而增加水电站的发电量。在美国亚利桑那州有一种低速风力机，可在低风速（如 2.2 米/秒）下，逐级提水，把水提高 90 米，这就意味着在许多地方可以使用风力提水。风力提水实际上也是蓄能过程，在一定程度上不亚于蓄电池蓄电。风能不分昼夜地以提高水位的方式将能量积蓄起来，是十分节约的方式。

二　军事：诸葛亮借东风胜曹操，郑成功借季风收复台湾

1. 诸葛亮借东风火攻曹兵。

公元 3 世纪，三国时期，曹操与孙权决战于赤壁（今湖北嘉鱼县东北长江南岸）。当时曹兵号称百万，欲吞江夏，但北方士兵不善水性，因此采用"连环战船"：用大钉锁住战船，上铺阔板，人可走，马可行，即使刮西北大风，大船仍可以冲波破浪，稳如平地，北军可在船上耀武扬威。曹操也知道"连环战船"惧怕火攻，不过他认为：

"凡用火攻，必借东风，方今隆冬之际，但有西北风，安有东南风耶？"

诸葛亮是湖北人，他比曹操更清楚赤壁的气候规律，西北风虽然在当时当地常见，但是东风也不会绝迹。谚语说："东南风，雨祖宗，西北风，一场空。"如果当地那几天天比较阴沉，就将刮东南风。诸葛亮算准了在刮东南风的那天出战。战前的傍晚，诸葛亮披头散发，迎风而舞，用江湖术士招数，在周瑜面前演了一场戏，给自己的能力镀了一层神秘色彩，让周瑜从此看到他诸葛亮就忱，这是一种心理战术。在 11

七星坛诸葛祭天

月下旬，诸葛亮、周瑜等利用东南风，在 20 只火船内装芦苇干柴，加鱼油，上铺硫黄、火硝，冲入曹军水寨，曹操以为黄盖来降，大喜，称："天助我也。"谁知来船如箭发，烟焰冲天，瞬间成为火船，火乘风势，风助火威，江面一片火光，曹军被火焚，溺水者无数，曹军一败涂地。后人罗贯中作诗叹曰："魏吴争斗决雌雄，赤壁楼船一扫空。烈火初张照云海，周郎曾此破曹公。山高月小水茫茫，追叹前朝割据忙。南士无心迎魏武，东风有意助周郎。"这就是古人利用季风作战的例子。

2. 郑成功借季风火攻荷兰军，收复台湾。

郑成功是明朝末年抗清名将、收复台湾的民族英雄。清兵入关，明政府南迁，郑成功于 1646 年占据广东东部及福建南部，以厦门、金门为根据地，起兵抗清，称雄海上。但在陆

民族英雄郑成功塑像

地上受清军进逼，他决定去台湾建立根据地。台湾于1624年被荷兰侵占，赤嵌城（今台南安平）设总督府。郑成功几次要求荷兰人退出台湾，遭拒后，1661年春季，郑成功率25000人、舰船300艘，从厦门出发，经澎湖群岛进攻台湾。他利用季风的风势，并利用洋流，用一些装满易燃品的火船，冲向敌船，荷兰旗舰"赫克托号"在开战后不到两小时，就焚烧沉没，荷军大败。郑军于台湾禾寮港登陆，包围总督府，当时郑军缺少弹药给养，十分困难，但经过8个月的艰苦战斗，郑军于1662年2月1日迫使荷兰总督（Frederick Coyett）投降，使沦陷38年的宝岛台湾重回祖国。

　　3. 帆船为解放全中国立大功。

　　1949年4月21日，中国人民解放军百万雄师在西起江西湖口、东至江苏江阴的长达千里的战线上，强渡长江天险，打响了著名的渡江战役。我军乘坐的大小帆船，在强大炮火的掩护下，从各个港口涌出，向对岸飞驰而去。不到24小时，30万人民解放军胜利突破敌人防线。4月23日，我军百万雄师全部渡过长江，向南京等地发起了猛烈进攻，并于这天深夜，攻占了南京。帆船在渡江战役中立了大功。

解放军战士乘船准备渡江

敌人炮火在帆船边激起巨浪

　　4. 烽火台报警。

　　烽火台是古代的军事报警设施。在烽火台里堆放柴薪然后燃烧，在风力作用下产生升向高空浓黑的烟云，它就是紧急信号，在几千米外都可见到，然后通过一个个设置的烽火台传递下去，这样可远距传递，作为长距离报警。早在西周时期我国就已经建有较为完备的烽火系统。西汉（含新莽）时期烽火报警在西域地区也已使用。今新疆地区（古称西域）烽火台的设置，起自张骞始通西域。青海省乐都县境内曾发现从明代中期至清代的烽火台遗址12处。烽火台在古代承担着传递军事信息的重要任务。

青海省乐都县烽火台遗址

三 交通：从风帆助航到船运漕粮

1. 风帆助航。

人类很早就知道顺风航行更为方便，从而行船时利用风帆。在我国的珠海岩画和湖南出土的文物上，有桅形和帆影，证明大约在公元前700年的春秋时代就有原始的帆船，商代就在甲骨文中出现像帆的卜辞。汉代有记载，涪江上"布帆来往不停舟"。晋代周处的《风土论》中记载："帆从风之幔也，施于船前，大者用布120幅，高9丈。"这样的巨帆显然是用于大船。至三国时代（公元220年）已出现4—7帆的多桅帆船，并出现纵帆，它操作简便，转动自如，可适应不同风向，为远洋航行提供了条件。从隋代开始古人已掌握制造大型舰船"五牙舰"的技术，它有五层，高十丈，可容战士八百人。唐代太宗时为准备朝鲜战争，造船千余艘，已能制造战舰"海鹘"，形如鹘之状，船舷下左右装有浮板，如鹘翅，在海上即使遇上风浪，也不会倾侧。当时已开辟了渤海、东海及南海的航路，东到日本，北至朝鲜，向西远达印度洋及波斯湾和红海之滨，还开辟了大陆和台湾的航线，进行海上贸易。在明代，郑和创造了中国最辉煌的风帆时代，在前节中已叙述。直到20世纪50年代，中国沿海还有成千上万艘木帆船用于货运及捕鱼，到60年代及70年代，木帆船才逐步退出生产领域。

世界航海史上有几件具有重要意义的大事：

1462 年 8 月，葡萄牙人哥伦布在西班牙王朝支持下，带领 88 名奴隶，乘 3 条木帆船，去"印度"，却意外发现了新大陆——美洲大陆。

哥伦布航海用帆船

1519 年 9 月，西班牙国王在财富的驱动下，派麦哲伦带 270 名水手、5 艘兵船，开始海上远征，登上菲律宾群岛后，麦哲伦死去，其他船员继续西行。3 年后，1522 年 9 月仅剩一船 18 人返回西班牙，第一次证明地球是圆球体。

1993 年 4 月 20 日，5 名法国航海家驾驶双体机帆船（附有动力推进设备）环球航行，历时 79 天 6 小时 16 分，创下机帆船环球航行的纪录。

2. 船运漕粮。

大运河是我国古代南北水运的重要通道，从隋朝开始修建。直到元朝才开通了自北京到杭州的河道，它沟通了海河、黄河、淮河、长江、钱塘江五大流域。中国南方为鱼米之乡，而首都多建在北方，因此政府的征粮（漕粮）多通过运河输送，也使五大流域的物产得到交流。其漕运量唐初为 20 万石，逐渐增加到明清时的 400 万石，最高曾达 700 万石，均通过木帆船装运，运河沿线也衍生了许多城镇码头，并设置了多个粮仓，帆船为漕运出了大力。

第二节　风能新的应用发展

一　寒风也可以用来取暖——风能制热

农村有广阔的风能应用天地。寒冬里，西北风劲吹，房间冷得使人瑟瑟发抖，如果窗户漏风，还要把它封堵住。殊不知高空中的寒风也能够带来温暖，这就是风能制热。原理见下图：风吹向风轮，风轮的旋转经过齿轮箱，再经皮带，传动到搅拌轴，使它在水槽中转动。搅拌轴上装有许多叶片（因为它在转动，因此称动片），水槽内壁上也装有叶片（因为它固定，故称定片）。动片和定片相互交错排列，当搅拌轴转动时，液体在定片和动片之间发生运动，叶片搅动的机械能全部传送到液体内，液体逐渐升温，就这样，寒风带来了温暖。

上面是风能制热的简单原理，实际运行中还有下列四个方案：

1. 在动片和定片之间装入磁化线圈，动片转动

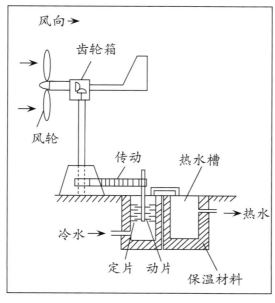

风能制热示意图

时切割磁力线，生成电流，加热冷水。

2. 风力发电机发出电能，使电阻丝发热。

3. 风力机带动一个空气压缩机，空气受压后温度升高而放出热能。

4. 风力机带动液压泵加压液体，使液体从小孔喷出，而使液体发热。

日本有一公司利用方案3，使水温升高到80℃，供应酒店浴池用水。

目前风力制热已进入实用阶段，尤其在西北地区。那里天气严寒，给牲畜带来冻害，利用寒风可以供应热水或暖气，用于浴室、住房、花房、牲畜房防寒、防冻及取暖。

黄河三角洲为重要的石油基地，蔬菜市场广阔，蔬菜和花卉种植业为主导产业。当地有丰富的风能资源，利用风力可以抽取地下水进行灌溉，并解决温室内取暖问题。

记得在中央电视台播出的"远方的家"节目中，提到位于喜马拉雅山海拔五千米地区的西藏边境哨所，那里山高风大，天气严寒。哨兵们因为热水不够用，只能用冷水洗脚。从屏幕中看到这种景象，广大观众心碎。利用风能和太阳能完全可以解决这样的供热、取暖问题，使西藏边境哨所的哨兵们早日用上热水。

在水产养殖方面，养殖业中鱼苗过冬、新虾产卵、幼虾生长及提高产量都需要加温，尤其在东北寒冷地区，对风力制热的要求更迫切。右图提供一种防止鱼池结冰和向鱼池充气的办法：利用风车轮带动桨片或水车转动，搅拌水引起对流，既可防冻又可增加水中氧气量。也可由风力机带动空压机，向压力罐中贮气，然后通过排气管定时向鱼池送

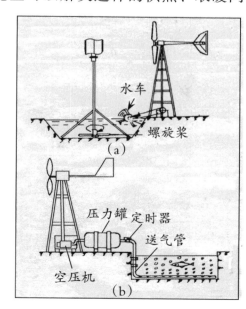

鱼池防冻（a）和换气（b）

气，从而增加池中氧气量。在北方广大寒冷地区，农村沼气池可利用风力制热，使沼气池中发酵原料的温度升高，从而提高沼气的产气率。

农村中谷物、果品、水产品的加工中，常离不开加热、干燥、保温，风力制热也可以在其中发挥很大作用。我国为农业大国，有9亿农民，没有农业现代化，就没有国家的现代化。为什么我们国家就不能像美国农村大量使用风力机呢？我国农村每年直接消耗各种能源，相当于标准煤5.6亿吨，占全国总能耗的一半。风能成本低、无污染、到处有，它在农业生产中有巨大发展潜力和广阔市场前景，有志青年快回到农村推动风能应用吧！

二 装在墙壁上的风力发电机

家庭用风力发电机"风立方"（如下图）可以安装在墙上，它采用可伸缩扇叶拼接成六边形，平铺在迎风的墙壁上。有风的时候，扇叶打开吸收风能，风能再转化为电能，存储在蓄电池中。每个风扇每个月可以产生21.6千瓦时的电力，一组风机由15个风扇拼成，据称："风立方"每月可以产生324千瓦时的电量，可供一个四口之家使用一个月。

单个风机　　　　　　　　好几个风机组合安装在墙上

Liao-Hsun Chen 和 Wen-Chih Chang 设计的风力发电机——风立方

三　风筝也可以发电——供给一个城市的电力

　　风筝是娱乐工具，但现今许多科学家千方百计想把它用于发电。过去人类要想从很远的高空中取得能量只能是幻想，但今天在风筝的启发下，已能产生便宜的电力。欧洲的风筝发电开发者巴斯兰兹朵放飞一只 10 平方米大小的风筝，风速为 4 米/秒，发电功率达 2 千瓦。意大利一家风筝发电公司 2007 年在米兰机场测试原型风筝系统，当风筝放飞到 400 米高空，测试结果良好。德国科学家计划制造家庭用小型风筝发电机，把它安装在房顶上，当风筝放飞到 100 米高度，便收集风能，可以供给家庭所需的几千瓦电力。俄国物理学家波德哥茨把 50 个巨大风筝在空中从上到下排成串，每个风筝面积巨大并可调节高度，在高处使风力稳定，电功率也稳定。美国科学家提出高空风电场的设想，用 300 个发电风筝，在 200 平方千米的空间，组成高空风电场，足以供应芝加哥的电力需求。

　　从上可见，利用不同大小的风筝以不同高度进行试验，许多国家均在进行中，表明风筝发电已从幻想逐渐走向现实。

风筝发电

四 人造龙卷风发电

龙卷风的中心最大风速可达到 300 米/秒，中心气压极低，为大气压的 1/5。如果一个门窗紧闭的房子外面，气压突然比标准大气压降低 8％，那么，这座房子墙壁的每个面都要承受每平方米78 吨的力，这座房子将立即被

破坏。龙卷风的中心是一个低压区，有巨大的吸力，有点像《西游记》中大仙镇元子的大衣袖，能把偷吃人参果的唐僧师徒四人连带白龙马，一股脑儿吸进大衣袖里。龙卷风可以吸起一个重达百吨的大油罐，把它扔到 120 米的远处，可以把 75 米长的大铁桥从桥墩上吸起抛到水里。

有风就可以发电，但自然界的风有缺点——风能密度小、不稳定。人造龙卷风的优点是持续、稳定、功率巨大，因而为风力发电创造了条件。龙卷风力大无穷，风力 12 级以上，功率达 3 万兆瓦，相当于 10 个巨型电站的功率。但是龙卷风的直径可以小至几米，可以人工制造龙卷风。另外人们从工厂烟囱中得到启发：烟囱可把窑炉内的废气排向空中，是因为废气比周围的空气温度高，其密度也就较小，因此在烟囱中产生"抽力"，大量热空气就会从烟囱排向大气中。

人造龙卷风发明者梁和平指出：利用对流层内空气上升与下降的规律，沿陡峭山体搭建大口径"人造龙卷风生成管道"，内径 3 米以上，垂直高度 900—1000 米，为热空气上升创造环境，气流可以在管道内快速上升，类似于烟囱抽吸烟尘，在管道的内壁再安装螺旋脊，迫使管内流动气体沿螺旋脊旋转，形成高速气旋。铺设管道的垂直高度越高，气流速度越快，气流动力也越大。管道内径越大，流量越

大，其功率也越大。一处适宜山体可以铺设一条或数条龙卷风生成管道，从而构建中大型人造龙卷风发电站。以色列的风能塔也是利用上述原理制成的。这是一种强大、持久、稳定，取之不尽、用之不竭的绿色能源。

四川陈玉泽、陈玉德两兄弟，用白铁皮自制一个风筒，用电阻丝在底部加热，产生冷热空气对流，风筒里的风轮就开始旋转，风筒加高一倍，风轮转速就增加一倍，这个看起来似乎很小的发现，成为一项国家级发明专利——人造龙卷风发电系统，国家知识产权局也正式向陈氏兄弟颁发专利发明证书。陈玉泽仅有初中文化，当过知青，回城后在丰都县供销社工作，为了从事发明创造，他从供销社辞职，进行 10 年研究，1997 年模型试验成功后，他自购了 3 个风力发电机，利用丰都糖厂 42 米高的废烟囱进行了发电试验，获得成功。

五 从大烟囱冒烟启发出的发电方法——大烟囱造风发电

风力发电中最重要的因素是要有稳定的大风，风大则能量大，大烟囱造风发电系统能满足此要求。工厂烟囱冒出浓浓的黑烟，是由于烟囱有巨大的抽吸力，把炉内废气抽送出来，烟囱内气流速度很快。这就启发出新的发电方法。德国的

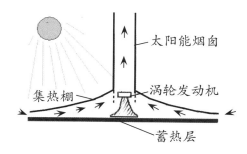

太阳能塔热气流发电示意图

施莱奇教授在建造大建筑时，发现烟囱效应：烟囱越高，直径越大，它抽吸空气的能力也越强。1982 年德国和西班牙合作，在沙漠高原上，建成世界上第一座太阳能热气流电站，原理是让阳光制造热风，推动风力发电机，得到洁净的电力。它由烟囱、集热棚、蓄热层和风力发电机组成。集热棚直径 250 米，是圆形透光隔热的温室，棚的中央有个高 200 米的太阳能塔。集热棚内部的地面蓄热层被太阳光照射后温度升高，棚内的空气达到 20—50℃，按照热升冷降的原理，烟囱内部会形成一股风，在风轮抽排的作用下，风速达 20—60 米/秒，

热风就驱动设置在太阳能塔下部的风力发电机发电，大棚外的冷空气不断被吸入补充。上述发电装置发电容量没有限制，只要棚足够大、塔足够高，气流可达到飓风速度（60 米/秒），发电功率可达 1000 兆瓦。它不用水、不用煤，只用太阳光，20 多年来它平稳地运行。这项技术的综合效益是如今风力发电的 200 倍，它的成功发电标志着一次绿色能源的革命。

太阳能通天塔模拟效果图。图中同时给出埃菲尔铁塔作为高度对比。

中新网 2002 年 11 月 11 日报道：澳大利亚政府决定支持建造一个 1000 米高的大烟囱，基部有一个直径 7000 米大圆盘状集热温室，在太阳光照射下热气流沿大烟囱以 16 米/秒的速度上升，推动涡轮旋转而发电。晚上存储器中积聚的热能会继续推动涡轮机发电，所产生 200 兆瓦电能供 20 万个家庭使用。我国新疆电力公司与华中理工大学也在筹建太阳能塔热气流发电站。美国和西班牙筹建 280 兆瓦电站，估计在 2013 年可达 6000 兆瓦（可供 600 万个家庭用电）。印度及南非均在筹建 100 到 200 兆瓦的电站。澳大利亚能源公司 Environ Mission 计划在美国凤凰城以西的沙漠地区建一座 800 米高烟囱形太阳能热气流发电塔，巨塔内置 32 个风力涡轮发电机。该公司总裁克里斯·达为说，建成后其功率可满足 20 万个家庭用电。

六　巴林世贸中心——中东的新型风塔

高处风大，现在世界各地高楼林立，利用高楼安装风机已有多例。此外人们早就知道，穿堂风是最凉快的，冬天人们走在两高楼之间，风吹来使人感到冷飕飕的。有人利用两楼间的风道，把巨大的风力发电和摩天大厦结合起来，这就是一种风能建筑，巴林世贸中心的风塔就是其中一个例子。巴林国是阿拉伯世界唯一的岛屿国，面积 662 平方千米，人口 46.6 万，建有以风能供电独树一帜的双塔——巴林世贸中心。

"巴林"，意为"两股水源，两个海"。巴林有"石油之国"之称，那里石油资源丰富，国民收益的3/4来源于石油。巴林是波斯湾中一个美丽的国家，景色秀丽，四季如春，素有"海湾明珠"之称。天然的涌泉散布各处，巴林也因此成为东西来往的水供应地，历久不衰。该国还有耗资 10 亿美元、总长 25 千米的跨海大桥直

巴林世贸中心

穿堂风

通沙特阿拉伯。

中东地区的海风资源相当丰富，风塔成为巴林的最高建筑物。巴林世贸中心坐落于首都麦纳麦市的波斯湾沿岸上，耗资9600万美元，总建筑面积12万平方米，主体建筑由两座外观完全相同的塔楼组成，双子塔共50层，高240米，在两座塔楼之间的第16层（61米）、第25层（97米）和第35层（133米）处，分别设置了一座跨越桥梁，3座直径29米的风力发电涡轮机和与其相连的发电机被安装在这3座桥梁上。利用海湾地区的海风，以及建筑外形呈风帆状、线

两塔间3个风机，直径29米

条流畅的塔楼，使两座楼之间的海风对流，且加快了风速。通过发电机，将风力涡轮产生的电力输送给大厦使用。该建筑也成为世界上同类型建筑中利用风能作为电力来源的首创。建筑设计使风通过双子塔时，会走一条S形的路线，这样不仅在双子塔的垂直方向，而且在垂直方向的左右各60度，总共120度的方向内的风，都可以带动风机发电，能量比单独风机的能量成倍地增加。

把风机和高层建筑结合起来，有几个优点：1. 维护费用下降，不需偏航装置；2. 免去塔筒、地基及道路费用；3. 减免长距离电缆费用。据测算，风力涡轮能够支持大厦所需用电的11%—15%，或者1100—1300兆瓦时/年，足够给300个家庭用户提供1年的照明电，大大减少建筑物的电耗和所折合的碳排放量。

美丽的岛国——巴林

七　迪拜的能源塔

阿联酋的迪拜城有一座当时为世界第一高楼的能源塔，有 68 层，高 322 米。它的塔顶就是风能发电机，另外还有太阳能电池加上储能装置，可以全部能源自给。阿联酋及巴林国在经济上主要靠石油，但他们已经考虑到石油有用尽的一天，因此十分重视风力发电。

法、德、英多国在一些高层建筑中引入风力发电，安置有垂直轴及水平轴风机，加上太阳能光伏发电及太阳能热水器，建构成二氧化碳零排放的建筑。

迪拜的能源塔

装有多个风机的建筑

现在还有一种"风轮机气孔皮肤"，即无数微型涡轮形成一个系统，附在建筑物表面，有点像太阳能板装在屋顶上，目前在研发中。

八　风能驱动的汽车

英国环境能源公司董事长认为，未来汽车将使用类似风能的可再生能源。利用风驱动，汽车将达到难以置信的速度。例如"绿鸟"风力汽车，有钢制的驱动翼，会产生向上的动力，使车速达到风速的3—5倍，创造了当风速为48千米/时，车速为202.9千米/时的世界纪录。

美国空气动力学家卡瓦拉罗制造的DWFTTW型风力汽车，采用5米高螺旋桨推进器，带扇叶，车速可达风速的2.86倍，即62千米/时。

德国的宝马风力汽车采用类似船帆的设计，时速可达200千米，供荒漠地区娱乐用。

两个德国人用风动力汽车横跨澳洲，Stefan Simmerer和Dirk Gion用18天的时间，驾驶汽车行驶4800千米，横跨澳大利亚。夜晚，他们使用一个可折叠的6米的风力涡轮发动机给汽车充电，汽车配备了充电插头，以备没有风力的时候还能够给汽车充电。白天的时候，如果风力足够大，他们还使用一个风筝帮助牵引。

九　利用风力推动的船舶和快艇

风力推动船艇的一般原理是：利用风力推动风力机的转轴，这种旋转运动最后可传递到船尾的推进器，它转动后就推动船舶前进，不管顺风或逆风，均可在风力间接作用下使船前进。

1. 风力快艇。

新西兰工程师贝茨经 21 年研究，在快艇装上有 3 个叶片的风车，其转轴会带动快艇尾部的推进器，推动快艇前进，不论风向如何，快艇都可利用风力前进。快艇的逆风船速可达 7.4 千米/时，当风速为 27.78 千米/时，逆风船速可达 13 千米/时。

2. 驳船改装为风力发电驱动。

船上动力系统由风力发电机、变压器、电动机组成，其利用风力发电提供动力，推动船只行驶。风能驱动技术能在内河、沿海的小型船舶中推广应用。

中国长航集团"囤船"装备了上海龙泰公司制造的风力发电机系统，发电机装机容量 20 千瓦，选用 4 台 5 千瓦的风机，当风速在 2 米/秒的情况下就可开始发电，并能满足船载设备的正常用电。我国内河、运河内许多驳船，也都改装为风力发电驱动。一般通过风力带动风力发电设备上的螺旋叶，就可直接给电瓶充电。船舶在停泊中，风力只要达到三至四级，就可给电瓶充电。每条驳船一个航次需充电两次，在正常情况下，航行途中给电

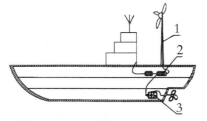

风力发电驱动船的结构图
1-风力发电机
2-变压器
3-电动机

瓶充电后，还能基本满足船舶装卸时的用电需求。

3."环保第一船"。

这个白色游艇模型并不大（如右
图），是珠海琛龙船厂承造。实船的船
长24米，宽6米。内部装修豪华，实用
且舒适，可容纳103位乘客。它由风
能、电能、太阳能及机器动力组成的混
合能量驱动，是目前世界上最先进的环

风帆助航的舰艇

保船之一。其动力系统技术先进，在8节航速下完全由环保动力即风
能、电能、太阳能自行驱动。

1980年日本造的货船"新爱德丸
号"（见右图），甲板上有桅杆，桅杆上
的钢架撑起帆。长66米，宽10.6米，
有两组帆，总面积195平方米，载重
1600吨，航速24千米/时。后来英国的
"爱国者号"、俄罗斯的"斯拓夫号"、

日本的"扇蓉丸号"、美国的"小花边号"等风帆助航船先后出现。
此外法国、荷兰、芬兰、澳大利亚、印度等国均在积极研制风力船，
载重从几千吨到几万吨级。

巡航艇"风之星"用风能驱动，以柴油机作为辅助

十　风光互补绿色照明

利用风能及太阳能互补的绿色照明，对船舶及海港非常适合，因为江海或码头上阳光充足、风大，完全可以提供免费的照明能源。

风光互补绿色照明可用于家庭、通信基站、道路监控指示、路灯、海上灯塔供电、森林防火远程监控、海水淡化、户外广告照明、风光互补喷泉系统等。

路灯照明是城市中一个消耗能源的公共设施，是一个耗电大户。风光互补新能源照明技术将光电和小型风力发电机组合，将太阳能及风能转换成电能，保护环境，节约资源，符合循环经济的理念，而且能对人们进行新能源利用和生态环保知识的直观教育。风光互补路灯不需要输电线路、电网，一次性投入建设后，就可以利用取之不尽、用之不竭的风能及太阳能提供稳定可靠的电能。这种路灯有着传统路灯不可比拟的社会效益和经济效益。

这种互补能源弥补了风电和光电独立系统的缺点，因为白天太阳光强、风较小，夜晚太阳落山后光照弱，地表温差变化大，风能就加强；夏天太阳光强而风小，冬季太阳光弱而风大，因此太阳能和风能在时间上有很强的互补性，风光互补发电系统有很强的能量互补性。

风光互补发电系统是由风力发电机和光伏电池组件构成，通过逆变器

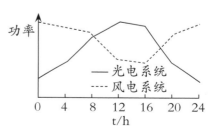

风光互补发电系统在时间上的互补性

将风机输出的低压交流电整流成为直流电，并和光伏电池输出的直流电汇集一道，充入蓄电池，实现稳压、蓄电和逆变，从而为用户提供稳定的交流电源，且可靠性高。风电和光电系统在蓄电池组和逆变器上是可以通用的，故造价比单独的风电或光电系统要低，建造及维护成本均低。

在路灯、广告灯、监控系统、农业灌溉、海水淡化、部队军营、微波通信、科普教育等多领域内，风光互补新能源技术作为独立供电系统，其应用范围比单独的风能或太阳能发电广 10 多倍，成本仅为

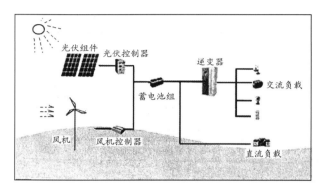

风光互补发电系统的工作原理

原来的1/3，许多地方开展了应用，如青岛奥运风帆基地、南京市首届绿博会绿色住宅、上海崇明岛路灯示范基地、浙江慈溪路灯节能示范工程、北京农村道路照明（3.6万盏灯）、广州市路灯照明等。

我国民营企业在风光互补发电系统的技术方面，已处于国际领先，研制的发电系统已扩展到国际市场，如东南亚（越南、马来西亚）、欧盟（波兰、英国、法国、土耳其）、北美（加拿大）、澳洲（澳大利亚）等市场。

十一　美丽的 "风电之花"

利用好几个垂直轴风力涡轮机，可以构成艺术雕塑，美丽的"风电之花"竖在街头巷尾，既可发电，又美化了城市环境，真是一举两得。"风电之花"是一种装备有多个风机的树形结构，设计简单，减少了风轮对风时的陀螺力，这些几乎无噪音的小型发电机可以安装在住所的后院，使风能进入普通百姓家庭，这是荷兰 NL 建筑事务所用"风电之花"进行风力发电的设想。

单个风力涡轮机

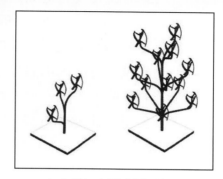

多个风机布置成树形图案

路边的树形风机

广场中的树形风机

十二　高空风电受青睐

高空风能技术是一种利用万米高空风能的技术。相比陆地而言，高空风电不仅具有资源丰富的优势，更重要的是这些理想的高空风力资源位于人口稠密地区。美国国家环保中心和美国能源局的气候数据显示，高空资源的最好地点是美国东海岸和包括中国沿海地区在内的亚洲东海岸。在距地面 487—12192 米的高空中，蕴藏着丰富的风能资源，如果将这些风能转化为电能，足够满足全球电力需要。高空风速大，风速每增加一倍，能量将增大八倍，大气对流层中风速达到 100 千米/时。高空风电有两种方式，一种是在空中建造发电站，然后通过电缆将电能输送到地面；另一种是类似放风筝，通过拉伸产生机械能，再由发电机转换为电能。组建多座小型高空风力发电机，这些高空发电机像一个个大飞艇，可以悬浮在高空中，接收高空的风能，驱动涡轮发电。发电机可以根据风向进行转向，从而更好地利用风能发电。高空风力发电机不需另外提供动力，它悬浮所需能量都来自自身所产生的电能。美国、意大利、英国、中国、荷兰、爱尔兰和丹麦等国多个公司在研究和开发利用高空风能，可能在 2015 年投入应用。

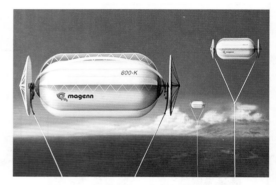

美国麻省理工风能公司（左）及迈泰能源公司（右）研制的高空风力发电机

在我国，地面风力发电站的风能密度一般不超过 1 千瓦/平方米，而万米高空的风能密度均值超过 5 千瓦/平方米。尤其是在山东、浙江、江苏等省份上空的高空急流附近，风能密度可达 30 千瓦/平方米，具有非常可观的开发价值。

2010 年，广东佛山在 3000—10000 米的高空安放发电装置，首期装机容量 10 万千瓦，现已成功发电。其采用模块组合结构，发电场功率可达 1000 兆瓦，发电成本低于 0.3 元/度。

高空风力发电具有以下优点：风能稳定、蕴藏能量巨大、无噪音、便于并网等。

高空发电将会成为未来发展的重要方向之一，被外界普遍认为是可再生能源发展的主要形式之一。目前，高空发电在技术方面还没有完全成熟，对其未来发展，我们满怀信心与期待。

第四章
风能的发展前景

第一节　风能与环境以及人类对风能认识的深化

人们无节制地向大自然索取，无节制地挥霍化石能源，致使自然环境不断恶化，自然灾害不断发生，气候变暖、海平面上升、风灾、水灾、旱灾等向人们袭来，使人们饱受痛苦。人们不能畏缩不前，要保护地球，爱护大自然，呵护自然生态，减少对化石能源的开采与利用，改用绿色能源。

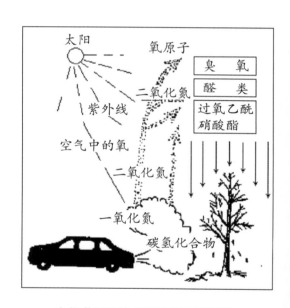

光化学烟雾的成因及危害示意图

一　风能与环境

为了防止自然环境恶化，必须改善环境，要进行水源保护、土壤保护、防治噪声及植树造林、防风固沙、水土保持等，合理开发与利用资源，造福人类。

我国目前的能源结构中，煤炭占 70%，石油占 20%，其他能源（可再生能源）占 10%。2005 年我国发电机总量 5.08 亿千瓦，煤炭机组占 71％，燃煤发电量占 79％。我国汽车超过 1000 万辆，汽车用成品油为 1.1 亿多吨，排出温室气体占气体总量的 1/3。我国每年排放二氧化碳 5 亿吨、二氧化硫 2500 万吨，位于世界之首。我国由于空气污染，酸雨、雾霾频发，城市空气污染严重。

风能是绿色能源，风能与环境应和谐发展。

绿色风电对人们的生活和环境具有以下影响：

1. 风机对鸟类生活的影响。

风电发展早期，由于风机功率较小，塔高度较低，叶轮转速较高，风机之间的间距较小，风机分布较密，有可能发生鸟类碰撞情况，然而碰撞概率极低，据早期的研究统计，碰撞率为 0.006％—0.009％，共同的结论认为风电机对鸟类的影响不大。鸟类是一种动作灵敏的飞禽，往往对移动的物体警觉度高，由于风机位置是固定的，新来的鸟类因为陌生会害怕、躲开，渐渐地它们会发现没有威胁，也不会理会，从而不会影响其活动。

2. 风电场对周围环境的影响。

如果在景观区域建设风电场，应该考虑景观影响，注意风机排列方式、间距、高度，以尽可能与周围环境协调。采取得当的布置，无

达坂城风力发电场

论在近处观看还是远望，徐徐转动的风机都会呈现一道美丽的风景。

风力发电机输出电压很低，通常只有 0.69 千伏，远低于附近 10 千伏、35 千伏的电网线路，频率同于电网的 50 赫兹，不会产生高频干扰，因此不会有电磁干扰。

3. 风机对居民生活的影响。

机组运行时，噪音主要来自塔架上部机舱内的机械转动及风大时叶片扫风。在塔筒基础地面的噪音一般为 61 分贝左右，200 米外仅 50 分贝左右，噪音是很小的。事实上风大时，风声已超过风机的噪声。因此，只要保持风机与居民区足够的距离就没有影响了。

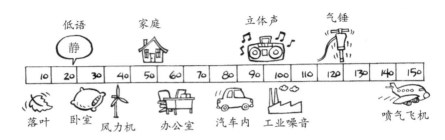

风机噪音和其他各种噪音的分贝数比较

在有阳光的日子里，尤其在早上或傍晚，由于阳光斜射，风机叶片的投影会周期性地移动，会对阴影区域中的居民造成不适，在风机布置时，须考虑避免这种影响。好在我国风电场一般都建在远离居民区的地方，一般没有这方面的问题。

4. 风电场有利于农作物的生长。

风轮机对农作物附近的微观气候可产生影响，可以通过农作物附近的空气流动，对农作物产生积极的影响。风轮机产生的湍流可加快农作物和低层大气之间的自然交换过程。风轮机对地面的温度也有影响，可促进农作物生长。靠近地面风轮机湍流的冷暖取决于每天的时间，温度变化范围在 0.4℃—1.5℃。在炎热的天气状况下，农作物的温度较低。在夜间的时候，空气湍流可提高低层大气温度，从而使得农作物周围的温度升高。通过空气湍流，使农作物周围温度升高，有助于预防霜冻。风轮机有助于迅速去除农作物露水。它可提高玉米

风轮机

和大豆农作物吸收大气的二氧化碳，并且把多余的二氧化碳储存到土壤的能力，能够让农作物更加有效地进行光合作用。

二 人类对风能的认识

风能是地球与生俱来的丰富资源，从古至今人们对风能的认识逐渐深化，从风车提水、风力运输、帆船航行、放风筝到帆船比赛、航天飞机及宇宙飞船降落用降落伞增强阻力、风能发电，风能为人类创造财富，创造幸福。

人类对风力利用认识的深化：从风力提水到各种风力发电机的应用

风能作为可再生能源的重要类别，是地球上古老、重要的能源之一，巨大的蕴藏量、可再生、分布广、无污染的特征，使风能发电成为世界上可再生能源发展的重要方向。

风能的优越性归纳为三点：

1. 建设费用低廉。

2. 不需燃料即可发电，除常规保养外，无任何其他消耗。

3. 风力是洁净的自然能源，无环境污染问题。

随着人类社会和经济的飞速发展，世界各国都面临着人口、资源、环境的重大压力。一个人口迅速膨胀的人类社会，正以自人类产生以来从未有过的速度，大量消耗着地球上亿万年前形成的极为有限的化石能源。因此，推广"绿电"不仅能够节约不可再生能源，更重要的是减少传统能源对地球环境的严重污染。中国政府向世界承诺21世纪走可持续发展道路，并研究制定和开始执行"绿电"事业。我国开始探索实施绿色电力机制，推出针对个人与家庭用户的"绿电"使用计划。

绿色电力生产过程中不排放废气、废水、废渣，有利于环境保护。绿色电力不用消耗化石燃料，可持续利用。

中国 75％以上的电力来自火力发电，持续增长的用电消费，将给环境资源带来极大的压力。

2020 年风电将达到世界电力总量的 12％，联合国气候变化委员会 2011 年 5 月公布显示：风能及太阳能在 2050 年将提供全球所需高达 77％的电能，全球温室气体二氧化碳年排放量将减少 110 亿余吨。风力发电 1 度，可相应减少 960 克二氧化碳的排放量，每千瓦时风能可产生 0.25 元的环境效益。

中国科学院院士何祚庥认为，中国风电如果以每年 30％的速度发展，到 2020 年占全部电力的 10％具有可行性。

在能源消耗急剧增长的今天，电能成为我们生活中不可缺少的能源供给，可是在这样的依赖和便利的背后，我们不知不觉地给生活环境造成破坏。为了保护我们身边的环境，也为了我们的子孙后代，希望更多的人参与到绿色电力的项目中来，创造崭新洁净的明天。

第二节 世界风能的发展

下列图表列出世界上近十余年风能累计装机容量的变迁和累计装机容量最多的十个国家（至 2010 年 12 月）：

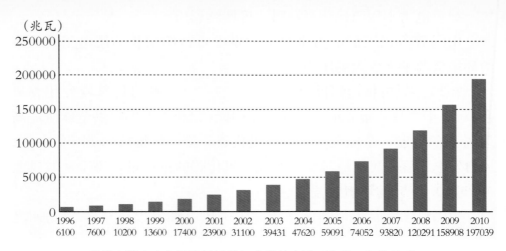

世界上近十余年风能累计装机容量的变迁（兆瓦－年份关系）

累计装机容量最多的十个国家（附图）

国家	累计装机容量（兆瓦）	百分比
中国	44733	22.7
美国	40180	20.4
德国	27214	13.9
西班牙	20676	10.5
印度	13065	6.6
意大利	5797	2.9
法国	5660	2.9
英国	5204	2.6
加拿大	4009	2.0
丹麦	3752	1.9
其他国家	26749	13.6
前十国总计	170290	86.4
世界总量	197039	100.0

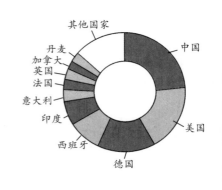

从中看出发展较快的国家为中国、美国、德国、西班牙等。1993年以来，风能以每年30％的速度增长，是近年来发展最快的新能源。德国和西欧是风能发展的领跑者，近三年中国后来居上。

世界各国中，风电发电量占其国家总电量的比重，以丹麦、西班牙、葡萄牙最高，见下表：

2007 年世界风电发电量前十位国家风电发电总量（TW·h）及占总发电量比重

位次（位）	国家	发电量	比重（%）	位次（位）	国家	发电量	比重（%）
1	德国	38.5	6.6	6	意大利	4.0	1.2
2	美国	34.5	0.8	7	丹麦	7.2	19.7
3	西班牙	27.2	9.8	8	法国	4.0	0.8
4	印度	14.7	1.9	9	英国	5.9	1.5
5	中国	5.6	0.2	10	葡萄牙	4.0	8.0
	世界	124.9	0.7				

1993—2005 年，风能以每年 25%—30% 的增长速度发展。早期欧洲为世界风电的领跑者，德国走在最前面。2009 年美国风能装机容量达 35159 兆瓦，取代德国成为世界领先。2010 年中国超过美国，进入世界前列。中国年新增风能发电量几乎占全球增长量的一半（48%）。中美两国推动了风能发电的增长，两国新增风电量的总和占全球增长量的 70%。

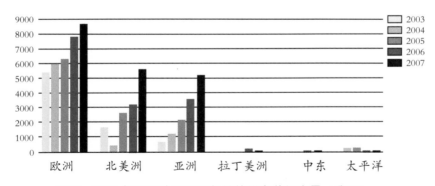

2003—2007 年不同地区不同年份的风电装机容量（兆瓦）

世界气象组织分析地球上可用风资源有 200 亿千瓦，是可以利用的水能的 20 倍。

1 台现代化风力发电机的发电能力为 20 年前的 100 倍，大型风电场发电量已可与常规电站相比肩，风电成本下降使全球装机容量上升三成。根据原先预测的 2000—2030 年风能发展的数字（见下图），在

2008 年前后发展海上风电，预计到 2030 年，海上发电量与陆上风电将趋相近。

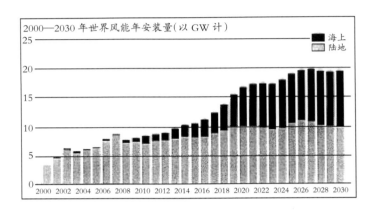

世界风力发电经历三个阶段：

1. 第一阶段（1888—1931 年）：风力发电机的诞生及小型风力发电机的发展。

19 世纪末 20 世纪初，世界正处于工业大发展进程中，电的发展使人们的生活有了重大进步。为了取得源源不断的电力，各国科学家纷纷着手研究制造各式各样的发电设备。于是，风力发电机应运而生。1887—1888 年，美国人 Charles F. Brush 建造了第一台风机，当时可为 12 组电池、350 盏白炽灯、3 个电动机提供电力。

Charles F. Brush 建造
的风力机（1887 年）

Poul La Cour 建造的风力机（1891 年）

1891 年，丹麦人 Poul La Cour 结合空气动力学设计原理和原始的螺旋桨形状设计了四叶片风轮，应用于欧洲的塔式磨坊。该风轮的高速度使风车完全实现了发电。第一次世界大战后，25 千瓦发电机的应用扩展到整个丹麦。

2. 第二阶段（1931—1970 年）。

1931 年，大功率的风能转换系统首先在苏联诞生，建立了 Balacla-va 风电站。这个机器在里海沿岸工作了大约两年，产生了 20 万度电。

1941 年，当时最大的 1.25 兆瓦 Smith-Putnam 水平轴风力发电机在美国佛蒙特州安装，风车设计有两个叶片、53 米直径的风轮，16 吨的不锈钢风轮采用全桨距调节叶片，转速定值维持在 28 转/分。

在丹麦，200 千瓦 Godser Mill 风力透平一直成功地工作到 1960 年，在逆风风轮上带有桨距，可调节叶片，它应用了机械旋转技术调节转速，可在有利条件下运行。

3. 第三阶段（1970 年至今）。

历史上，由于西欧各国燃料缺乏，而且其地理位置在西风带上，故刺激其发展风力发电。19 世纪末，丹麦人首先研制出风力发电机。20 世纪 80 年代风电技术逐步成熟，风电产业成规模发展，并建立了稳定的商业模式，涌现出了近 10 家技术成熟的优秀制造企业，单机容量从一百千瓦提高到几百千瓦，变桨风机技术成熟并进入市场。

进入 21 世纪，兆瓦级的风机成主要趋势，海上风电逐步推广。

随着电机容量提高，为应对极限载荷和疲劳载荷的挑战，新的直驱变速变桨和双馈变速变桨逐步成为兆瓦级风机的主流技术。世界风电总装机容量 1994 年年底为 350 万千瓦，2003 年年底已达 4000 万千瓦左右，平均年增长率达 31%。世界主要风电国家 2009 年发展状况见下表（Ernst & Young 公司发布）：

2009 年 8 月评估的可再生能源指数前 10 位国家发展状况

排名	国家	全部可再生能源	风能	陆上风能	海上风能	太阳能	生物质能等	地热能
1	美国	70	71	75	59	76	64	68
2	德国	66	67	66	71	65	64	64
3	中国	66	69	73	59	54	56	69
4	印度	62	63	70	42	61	56	60
5	西班牙	60	61	66	46	64	55	64
6	意大利	59	59	64	46	64	55	64
7	英国	57	61	59	66	37	55	60
8	法国	27	59	60	54	53	57	58
9	加拿大	55	60	64	46	33	48	59
10	葡萄牙	54	56	61	43	51	45	58

德国：德国是世界上最近几年风电发展较快的国家，截至 2010 年，装机总量 25600 兆瓦。德国把风电作为可再生能源的主要发展领域，近年将用新型风机置换旧风机，因为一台现代化风机的发电量可达 20 年前的百倍。它倾向用多个小型风机投入应用，将投资数十亿美元建立 10 个海上风电场。预计至 2030 年，德国海上风电装机总量将达 2.5 万兆瓦。今后 20 年德国政府将投资 450 亿欧元发展风力发电业，2050 年其风电将占发电总量的 50%。

丹麦：丹麦是风力发电的先驱国，早在 1941 年就已有 50 千瓦的风机在工作，1957 年有 100 千瓦的风机在运行。丹麦制造的风机设备产量占世界产量的一半以上，在其出口产业中位居第二。截至 2010 年，丹麦装机容量达到 4150 兆瓦，将拆除旧风机，换上新机。2009 年风电能在其电力消费中已占 20%，规划在 2020 年达到 50%，

2030 年将不用化石能，2050 年全部用可再生能源——风能及生物质能。这让世界人民看到绿色风电的美好未来。世界领先的风机制造商维斯塔斯公司提到，仅一台 3.0 兆瓦的风机，每年便能减少二氧化碳排放 5000 吨，其一年发电量相当于 1.3 万桶原油产生的能量。这说明风电产业前景可观。

美国：20 世纪 70 年代石油禁运，美国是最早（1978 年）鼓励风电发展的国家，这吸引投资者进入风电产业。1973 年美国能源部研制出水平及垂直轴风机。美国为现代并网风电的发源地，风电场最早是从美国加州兴起，当时安装了 12553 台风机，容量达 911 兆瓦，占全美 95％的风电功率。1986 年废止优惠政策，使风电发展从美国转向欧洲，1985 年全球风机 67％为美国制造，而后 90％转为欧洲制造，美国制造则跌至 10％。1992 年美国又开始恢复补贴优惠，2009 年风机容量超过德国，进入全球第一。但 2010 年风能新增装机量不高，为所有能源新增量的 26％，而天然气新增量达 46％。目前的减免税收政策会促进今后风能的发展，预计 2030 年美国风电可提供所需电能的 20％。

法国：法国总统 2011 年 1 月宣布，法国将投入 100 亿欧元建设风力发电设施，装机总容量达 3000 兆瓦，将把风力发电发展成国家

法国的近海风电场

的支柱产业。目前已在英吉利海峡和大西洋沿岸选定了多处风力发电场的地点，将有 600 座发电设施拔地而起。

英国：2006 年 10 月，欧洲最大的陆地风电场在苏格兰格拉斯科兴建，装机容量达 322 兆瓦，可满足 20 万户家庭用电。英国海上大风电场在斯托诺韦的路易岛，在泰晤士河口有最大的近海风电场，容量为 1000 兆瓦。

俄罗斯：第一台风机在 1931 年安装，由于该国有丰富且价廉的石油及天然气资源，因此对风电没有太大追求。在北部及南部地区有 100 千瓦—5 兆瓦的风机在运行。

印度：在 2007 年排名为第四位，是风电大国，2008 年达到 3900 兆瓦，五年计划（2007—2012）目标为 10500 兆瓦。

欧洲是海上风电产业发展中心，正朝着深水化、离岸化方向发展。右图所示 1990 年以来欧洲海上风电发展累计装机容量，从图可见，从 2008 年开始欧洲进入商业扩展阶段，已达到 2500 兆瓦。最近报道称

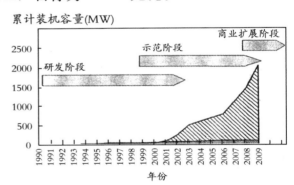

1990 年以来欧洲海上风电发展累计装机容量

欧洲每年将在海上风电投入 104 亿欧元，至 2020 年将达 4000 万千瓦，为目前的 10 倍。

国外重要的风机制造商

编号	公司名称	份额（%）	型号	传动	功率（kW）	直径（m）	末端速率（m/s）
1	Vestas	22.8	V90	Gear	3000	90	87
2	GE Energy	16.6	2.5XL	Gear	2500	100	86
3	Gamesa	15.4	G90	Gear	2000	90	90
4	Enercon	14.0	E82	Direct	2000	80	84

续表

编号	公司名称	份额（%）	型号	传动	功率（kW）	直径（m）	末端速率(m/s)
5	Suzion	10.5	S88	Gear	2100	88	74
6	Siemens	7.1	3.6SWT	Gear	3600	107	73
7	Acciona	4.4	AW-119/3000	Gear	3000	116	74.7
8	Godwind	4.2	RE-power750	Gear	750	48	58
9	Nordex	3.4	N100	Gear	2500	99.8	78
10	Sinovel	3.4	1500(Windtec)	Gear	1500	70	

2011 年以来，由于金融危机，欧洲一些风能大企业受到影响，英国《金融时报》2011 年 12 月 5 日报道：技术力量最强的英国维斯塔斯（Vestas）风力技术公司，股价从 2008 年以来已下跌 90%。相比之下，中国出现了这一领域的冠军企业。德国《南德意志报》2011 年 12 月 2 日报道：中国以最大产能领先美国，排在世界首位。

2007 年，全球风力发电总装机容量 94000 兆瓦，相当于 23 台第三代核反应堆核电机组（EPR）发电量。据国际能源署预测，到 2020 年全球风电装机容量达 1.12 亿千瓦。

第三节　我国风能的发展

我国风能早在 20 世纪 70 年代就已开始发展，从离网小户风力发电机组的产量变化就能看出。1976 年我国风能投产，经过多年的发展，从当年的 17 台，发展成 2002 年的几万台，近 30 年来，共生产各种小型风力发电机组 248477 台，这些小型发电机组除满足国内需求，还出口了 7000 多台到印度、瑞典等 30 多个国家及地区，这类离网型小型风力发电机组的保有量及生产量均处于世界首位。回顾我国风电发展历程，我国目前已经能生产 6 兆瓦的大型风机，我国风能装机总量及新增量均超过德国及美国，进入世界前列。

总的来看，我国风能主要经历了三个发展阶段：

1. 第一阶段（1983—1995 年）：试验阶段。

山东荣成风电场

1983 年，山东荣成引进丹麦 3 台 55 千瓦风电机组，开始并网型风电技术的试验和示范。

1986 年，在新疆达坂城安装了一台丹麦 100 千瓦风电机组，1989 年从美国引进 15 台 100 千瓦风机。

最近荣成市吸引了华能、鲁能、国华等国内大型能源公司，将投巨资兴建风电。今天荣成市已建成风电机组近百台，年发电量 2.45 亿度，荣成已出现风电发电量超过火电。在荣成，居民每用 2 千瓦时电，就有 1 千瓦时来自转动的"风车"。

2. 第二阶段（1995—2003 年）：起步阶段。

在第一阶段取得成果的基础上，中国各级政府出台各项优惠的鼓励政策。科技部通过科技攻关和国家"863"高科技项目，原经贸委、计委分别通过双加工程、国债项目、乘风计划等项目，促进风电的持续发展。

3. 第三阶段（2003 年至今）：高速发展阶段。

国家发展和改革委员会通过风电特许权经营，下放 5 万千瓦以下风电项目审批权，要求国内风电项目国产化比例不小于 70％，扶持和鼓励国内风电制造业发展，使国内风电市场进入一个高速发展的阶段。

2006 年，我国新增装机 134.7 万千瓦，成为继美国、印度之后发展风力发电的主要国家之一。2007 年以来，中国风电产业规模延续爆发式增长态势，已建有 80 个风电场，装机容量 605 万千瓦。2008 年，中国新增风电装机容量达到 719 万千瓦，增长率达到 108％，累计装机容量 1221 万千瓦。2009 年底，全国累计风机装机容量达到 2580.53 万千瓦，居世界第三位。2010 年底，我国以约 4182.7 万千瓦的累计风电装机容量首次超过美国，位居世界第一。

目前我国自主创新进行研发工作。新疆金风科技为风机制造基地生产兆瓦级机组，在达坂城安装大风机 3 兆瓦，一台机可为几千户家庭供电；金风、华锐及联合动力三家公司正研发 10 兆瓦风机，预计 2015 年完成；四川东方汽轮厂可生产轮毂及低温条件下的工作风机（－35℃，1500 千瓦）；沈阳华创公司自主生产 1.5 兆瓦风机，国产化率大于 85％；中科恒源公司原创磁悬浮风机已大批生产并出口，获世界十大绿色发明奖；国电龙源电力公司承建江苏如东海上风电场，已完成 130 兆瓦，上网电量达 3.3 亿千瓦时，可减排二氧化碳 26.7 万吨，二氧化硫 1940 吨，节煤 9.7 万吨/年；华能集团建成广东南澳最大的海岛风电场，年产电 1.4 亿度；张家口建成全国最大的风电场，装机容量 159 万千瓦；福建建成 17 处风电场，装机容量 156 万千瓦；华电集团在新疆小草湖风区建风电场，装机容量 200 万千瓦；宁夏有 9 处风电场，装机容量 215 万千瓦。

从下图可以看出，我国早期风能企业中，外资占主要份额（75%），而到近些年，本国企业的比例逐渐增加，从 2004 年的 25%，增加到 2007 年的 42.2%，说明我国自主创新能力逐步提高。

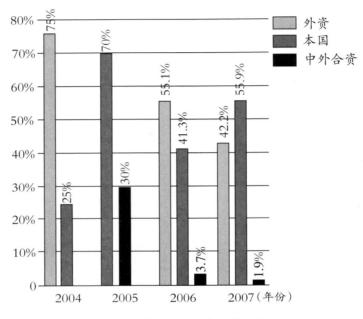

中国风电市场企业年安装容量

我国海上风电的发展主要依靠政府的政策扶持，上海东海大桥海上风电就是一例。海上风电为新兴领域，国外均有专利保护，保密严格，不易获得关键技术，需要创新发展自主知识产权。海上风电产业为战略性新兴产业，它可以有效改善能源供应，对我国沿海具有重大意义。

长江三角洲是我国综合实力最强的地区，又是能源最缺乏的地区。最近发现江苏省东台、如东、大丰的东部沿海浅沙洲地区有 900 平方千米海滩，平均风速 8 米/秒，向东延伸还有大面积浅水沙滩 1300 平方千米，经勘测是全球难得的海上风电场理想场区，可以建一个相当于年产 4250 万吨标准煤、减排二氧化碳 1.12×10^8 吨的永葆绿色的能源基地。花费建造一个三峡的钱，可建三个"海上三峡"，

江苏如东海上风电场与一紫菜养殖场相映成景。15 万千瓦海上示范
风电场一期工程正式投产发电，标志着江苏如东已建成全国规模最大的
海上风电场。（新华社发，许丛军摄）

它不占用一亩耕地，也不产生一位移民，这个能源基地对长江三角洲地区的经济发展具有战略意义，目前在规划中。

过去，人们习惯于向地下要资源，现在，人们把目光投向了天空。中国风能协会预测，2020 年中国风电装机容量将达到 150 亿瓦，2030 年将达到 180 亿瓦，2050 年将达到 500 亿瓦。

全球人口将近 70 亿，为了更好地生活，人们需要水、粮食、新鲜空气及能源。目前人们主要利用的化石能源，如石油储量 1400 多亿吨，将在 30 至 50 年内用光；天然气储量 150 万亿立方米，将在 60 至 80 年用完；煤炭储量 9800 多亿吨，将在 100 至 200 年内用完。人们为了生存与发展，近几十年来不断探索研究新能源，以可再生能源逐步替代不可再生能源，使可再生能源得到迅速发展。现代文明改变了人们对资源的利用方式和速度，也迫使人们千方百计地寻找新的替代能源。风能是地球与生俱来的丰富资源，其作为一种无污染和可再生的新能源，有着巨大的发展潜力。加快发展风能已成为全球能源界的共识。

我国充分利用可再生能源，解决偏远地区无电人口的供电问题，增加农村清洁生活燃料供应，促进新农村能源的供给，使农牧民不用火烟就可烧水做饭。

2010 年，我国通过可再生能源的开发利用与电网建设和改造并举，解决了 1150 万无电人口的基本用电问题。

2010 年，我国风电设备制造能力提高很快，实现 3 兆瓦级以上机组的生产能力。

1.5 兆瓦风机及叶片

2011 年，我国并网风机总量达到 5500 万千瓦。我国拟定到 2020 年，风电累计装机总量达到 2 亿千瓦，相当于 11 个三峡电站，总发电量可达 4000 亿千瓦时，相当于取代 170 个火力发电厂。我们应不断进行技术创新，促进风电产业大规模发展。

近 20 多年来，国家气象局进行了 3 次风能资源普查，以反映我国风能资源的蕴藏量。2010 年认定我国风能资源技术可开发量为 25.8 亿千瓦。2010 年风电装机容量达 4000 万千瓦，风电并网容量达 3000 万千瓦以上。

我国风电起步较晚，2002 年仅能小批量生产 600 千瓦级风能机组，2003 年正式起步，2005 年开始开展百万千瓦级风电工作，2008 年开展千万千瓦级风电基地规划和建设工作，2009 年有 80 多家企业进入风电并网电机组制造行业。目前，我国华锐、金风、东汽 3 家风电机组制造商已成为我国风电机组制造龙头企业，能够大批量生产单机 1.5 兆瓦的风电机组。3 家企业 2009 年新增吊装容量为 775 万千瓦，仅华锐已能批量生产 3 兆瓦风能，2009 年并吊装 3 兆瓦风电机组 23 台。我国很多风电企业都是通过许可生产和委托设计来研发生产 1000 千瓦、1500 千瓦和 2000 千瓦风电机组，而不是从生产 150 千瓦、200 千瓦逐步发展起来。我国风电机组制造业起点非常高，并且实现跨越式发展。以下为我国风电企业一览：

中国风电机组制造商新增装机情况（至 2009 年年底）

装机规模（兆瓦）	企业名称	新增装机（兆瓦）	市场份额（%）
>1000	华锐	3495	25.3
	金风	2722	19.7
	东汽	2035.5	14.7
200—1000	联合动力	768	5.6
	明阳	748.5	5.4
	Vestas	608.75	4.4
	湘电风能	454	3.3
	GE	322.5	2.3
	Suzlon	293	2.1
	Gamesa	276.25	2.0
	上海电气	274.25	2.0
	运达	260.75	1.9
	RE power	198	1.4
	华创	163.5	1.2
	北重	138	1.0
	远景	136.5	1.0
	南车时代	127.05	0.9
	华仪	119.46	0.9
	Nordex	111	0.8
	其他	551.2	4.0
	总计	13803.21	100

我们国家对海洋功能区划及各项资源进行协调，研究制订海上风电规划，指导海上风电建设。海上风电研究工作开始于 2007 年，起

步在 2009 年。我国海上风电属于高端切入。目前，江苏沿海千万千瓦级风电基地规划完成，总规划为 2000 万千瓦，2020 年目标为 3000 万千瓦。

我国"十二五"新能源规划预计 2015 年风电开发到 1 亿千瓦，含海上风电 500 万千瓦。未来五年，国家将重点发展八大千瓦级基地项目，这是"十二五"新能源规划的最大亮点。将先立足各省，建立区域电网，再进行区域消纳。

与发展了 50 多年的火电、水电相比，中国风电正处于"青少年"时期，人们对风电抱有信心，国家从规划、产业和政策等方面不断加大力度支持风电的大规模发展。

结尾的话

从技术层面看，科技工作者已经在风力发电方面取得了许多重要成果。从 1970 年以来，1 千瓦时风能的价格已经下降一个数量级。今天 1 千瓦时的电能价格仅为 1970 年价格的 1/10。早期风电项目主要发展有强风带的陆上风电场，目前仍有许多处在运行中。今天人们已逐渐注意到下列几方面：

1. 在海岸地区建风电，没有山脉、树木、建筑对风力的阻挡影响，风力强劲，风级胜过陆地，且海岸地区距离用户较近，不像陆上风电场常常距离用户十分遥远。

2. 人们有兴趣在那些风速较低地区发展风电，原因在于那些地方虽然风速不高，但比高风速地区更易找到。一台风机的功率较小，但可增加风机数量，采用多元风机可以获得与高风速地区相同的风能。加上近期研制出微风启动的风机，使效率更易于发挥。

三风轮风机　　　五风轮风机　　　　　　　多风机

你知道吗

据报道，丹麦维斯塔斯公司和我国大唐能源公司签订合同，58 台单机功率 850 千瓦、总计 49.3 兆瓦的风机机组将安装在内蒙古武川县大元山风电场，这是用多个小风机实现发电量最大化的例子。

3. 风能发展中的一个问题是风忽大忽小，虽然长期平均风能较大，但瞬时可大可小，而用户希望"电闸一开电就来"，相关专家在并网及储存两方面进行了大量工作，问题已逐渐得到解决。

4. 所有技术问题逐步解决后，风能发展仍受到阻碍，有些住在风电场视野内的居民反对风电工程，除非政府出台一些政策。丹麦已执行一些政策，诸如保护性电价、研究基金、低息贷款、投资补贴、税收优惠等，解决了一些问题。丹麦对各项风能补贴费用几年内已达数十亿美元，丹麦在 1997 年风电销售就占全球的 60%，成为世界上重要的技术开发和制造中心。许多国家的实践表明：上网电价政策对风能发展起到决定性影响。

目前能源市场处于发展浪潮中，电能的生产既要考虑价格，还要考虑对环境的影响。

我国风能在近几年高速发展，但是电能是一种特殊产品，生产出来必须马上输送出去，生产、流通、消费几乎是同时的，所以各个环节必须同步发展，跟不上就可能发生风机脱网事故。最近有可能发展大容量风机，如果大于 3 兆瓦，叶片直径就达 112 米，塔筒直径也有 7—8 米，在高速公路转弯处及收费口处，通行都将成问题。所以除海上风电场外，陆上用风机不宜过大，应避免脱离实际的大发展。

能源是 21 世纪人类最基本的问题之一，生产大量绿色能源，鲜少影响生态环境，是今天人类追求的目标。人类下一代是在人类今天建设成就基础上成长起来的。每一代都希望下一代更健康，生活更美好，生存条件更优越，其先决条件之一是解决好能源问题。风能是最有发展前景的绿色能源之一，是人类社会可持续发展重要的动力和源泉。让绿色能源改变世界，还地球以绿色，给我们和子孙后代带来幸福生活。

图书在版编目（CIP）数据

话说风能 / 翁史烈主编. —南宁：广西教育出版
社，2013.10
　（新能源在召唤丛书）
　ISBN 978-7-5435-7577-6

　Ⅰ．①话… Ⅱ．①翁… Ⅲ．①风力能源–青年读物
②风力能源–少年读物　Ⅳ．① TK81-49

中国版本图书馆 CIP 数据核字（2013）第 286575 号

出 版 人：张华斌
出版发行：广西教育出版社
地　　址：广西南宁市鲤湾路 8 号　　邮政编码：530022
电　　话：0771-5865797
本社网址：http://www.gxeph.com
电子信箱：gxeph@vip.163.com
印　　刷：广西大华印刷有限公司
开　　本：787mm×1092mm　　1/16
印　　张：8.75
字　　数：117 千字
版　　次：2013 年 10 月第 1 版
印　　次：2016 年 4 月第 5 次印刷
书　　号：ISBN 978-7-5435-7577-6
定　　价：28.00 元
如发现印装质量问题，影响阅读，请与出版社联系调换。